世界木造建筑设计

[日] 日经建筑　编

王维　译

江苏凤凰科学技术出版社

前　言

　　"日经建筑精选"系列是根据每个主题，从近几年在日本建筑专业杂志《日经建筑》上登载的文章中精心挑选后编辑的系列丛书。其中又增加了一些未在杂志上刊登的图片，以及过去仅在网站上发布的采访文章等，以便大家可以更加深入地探究该主题。

　　《世界木造建筑设计》是该系列丛书中的第一本。

　　在环境问题日益受到重视的背景下，世界各地陆续建造了大型木结构建筑和木结构高层建筑。

　　通过本书读者可以从世界各地大型木结构建筑和木结构高层建筑中学到很多东西。本书使用丰富的照片和图纸，为大家详细介绍了世界各地关于木结构建筑的优秀案例。

　　希望读者带着"这些木结构建筑是如何建成的呢"的疑问，仔细地阅读本书。

　　希望本书能够对木结构建筑的变革产生影响。

《日经建筑》主编　宫泽洋

注：每篇文章中使用的均为杂志上报导时的职务。另外，文章中的照片原则上使用采访时的照片。由于建筑物已经开始使用等原因，现状可能会有所不同。

第1章
5分钟了解最新关键词

本章总结了本书中频繁出现的木质材料的最新关键词，这些内容即便是初学者也能轻松理解。希望读者在阅读本书之前，脑海里对木造建筑有些粗略的印象。

1. CLT
我们对CLT作为中等规模建筑的结构材料抱以期待

集成材与 CLT 有何区别?

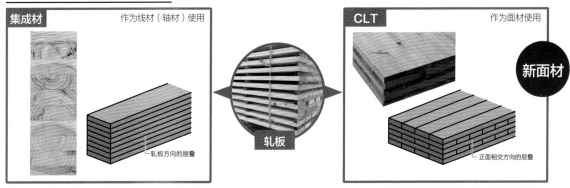

厚 30 mm 的轧板按纤维方向积层的就是集成材,与纤维方向正面相交层叠的就是 CLT。作为轴材使用的集成材,按照纤维方向层叠可以有效地抵抗轴方向的力;作为面材使用的 CLT,通过插入纤维正面相交方向层叠以防外层反翘和扭曲。(本页照片:腰原干雄)

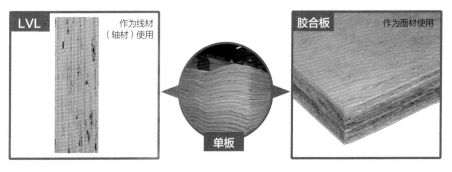

厚 3 mm 的单板按纤维方向积层的就是 LVL,与纤维方向正面相交层叠的就是胶合板。作为轴材使用的 LVL,按照纤维方向层叠可以有效地抵抗轴方向的力;作为面材使用的 LVL,通过插入纤维正面相交方向层叠以防材料收缩和割裂。

    CLT 是 "Cros Laminatoo Timber" 的简称。即将多张轧板(实体木材的短小料拼合板),按木材纤维方向正面相交层叠制作而成的木质结构面板。CLT 除了抗震、耐火、绝热等优良性能之外,还比混凝土轻。以前只能用钢筋混凝土和钢结构建成的中等规模建筑,将来通过使用 CLT 材料可以大量建造同等规模木结构建筑。

    近年来的木结构建筑不仅使用原木和加工木材,还经常使用"再构成材"(木材作为原料再构成的木质材料)。城市木结构建筑中使用的再构成材主要有 CLT、集成材、LVL(单板层积材)、胶合板等。

    将厚 30 mm 左右的轧板按纤维方向积层做成的是集成材,与纤维方向正交层积的板材就是 CLT。将比轧板薄的、厚度为 3 mm 左右的单板在纤维方向上层积的是 LVL,与纤维方向正交层积就成为胶合板。一般情况下,集成材和 LVL 作为线材的大截面材料使用,CLT 和胶合板作为厚板的面材使用。

2. 耐火集成材
我们对"阻燃型"木材兴趣高涨

    在日本国内建造建筑时,根据日本建筑基准法指定的"防火地区""用途、建筑面积、层数""建筑物高度、檐口高度"不同,对建筑的防火性能要求也不同。其中需要最高防火性能的耐火建筑物使用木结构建造时，必须使用"耐火集成材"。

一般情况下，主要结构处的木材常会采用石膏板等耐火材料覆盖，这种称为"覆盖型"方式。但是，这种处理会看不到木材，为了将木材更多地呈现出来（暴露在空间中），人们对阻燃型木材的关注度越来越高。

阻燃型建筑几乎完全是由木材做成的。发生火灾时允许部分木材燃烧，燃烧结束后成为阻碍燃烧的"阻燃层"，燃烧自然停止，凭借中央部分支撑荷重防止建筑物崩坍。假如没有这一层，木材会一直燃烧直到全部毁坏。

还有一种"钢结构内置型"，也是阻燃型的一种。这是日常情况下木材作为钢结构的抗弯加固材料发挥作用的一种钢木混合材料，发生火灾时钢材作为木材耐火支撑结构发挥作用的设计方法。

方式	方式1（覆盖型）	方式2（阻燃型）	方式3（钢结构内置型）
概要	木结构支撑构件 覆盖耐火材料	阻燃层（不可燃木材等）（水平力） 木结构支撑构件（垂直力） 可燃烧（木材）（水平力）	钢结构 允许燃烧（木材）
构造	木结构	木结构	钢结构+木结构
特征	为了不燃烧、炭化，木质构件用耐火材料覆盖	受热时允许燃烧的部分燃烧，受热结束后，凭借阻燃层停止燃烧	受热时允许燃烧的部分燃烧，受热结束后，由于钢结构的影响停止燃烧
优点	不受树种限制	外观可以看到木材	外观可以看到木材
缺点	外观看不到木材	制造方法复杂	现阶段限定木材的种类

注：方式3中使用的被认证过的"钢结构内置型木质耐火部件"，针对长期荷载可以用木材的抗弯加固效果进行设计，所以与一般的木材耐火覆盖不同。（资料来源：本页均由安井升提供）

3. 2小时耐火结构

如果能够实际应用，最多可以建到14层

耐火建筑的主要结构部分必须采用耐火结构。根据从顶层向下数的层数不同，主要结构部分需要达到的具体耐火时间也不同。从顶层向下4层的部分为耐火1小时结构，5层到14层的建筑为耐火2小时结构，15层以上的建筑耐火时间必须达到3小时。

也就是说，如果木结构能够开发出3小时耐火结构的部件，则在防火性能方面，楼层数将没有限制。目前1小时耐火结构的实例已经有很多了。

从2014年开始，用1小时耐火结构的木结构承受2小时耐火结构的技术开发变多。日本木制住宅产业协会从2017年4月开始，定期举行2小时耐火结构的演讲会。（参照腰原干雄、安井升为《日经建筑》执笔撰写的《城市木结构入门》）

2小时耐火可以建到14层，3小时耐火层数无限制

框架或者剪力墙结构，使用CLT建造的厚墙和厚板等无柱无梁的建筑，即使是2小时耐火结构，在层数上也可以没有限制。

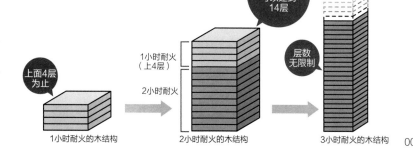

第2章

领跑世界木结构
建筑的日本
建筑师们

不仅是日本，乃至世界对木结构建筑的关注都日益高涨。从世界范围来看，引导着木结构设计向前发展的人群中可以看到日本人的身影，其代表人物就是坂茂和隈研吾。在某种意义上形成对比的两个人对于木材不同的使用手法，刺激着世界木结构的发展。

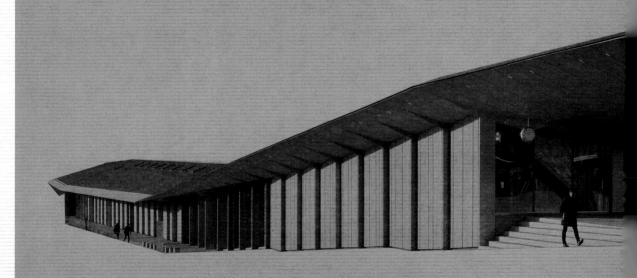

坂茂 | SHIGERU BAN

若问在世界知名建筑师中谁是最积极采用木结构的人，那么坂茂的名字一定会被提及。坂茂在2014年获得了普利兹克奖后备受世界瞩目，下面对他的一些项目进行介绍。

 塞纳音乐厅 法国巴黎

委托方：法国上塞纳省
设计：坂茂建筑设计事务所、JeandeGastinesArchitectes
施工：BouyguesBatimentsIDF

塞纳河小岛上木结构的"蛋"

迎着太阳的巨大屋檐下演变的光影

在法国巴黎郊外，有一个拥有鸡蛋形大厅的音乐设施。它通过光的反射来改变大厅墙壁的颜色，以可动式太阳能板等为特色，在室内外设置多个开放性公共空间，向市民开放。

照片 1　在汽车工厂旧址上建设的音乐复合设施

2017 年 4 月 22 日，在塞纳河的塞甘岛东端建成的"塞纳音乐厅"正式开业了，这里原本是法国雷诺汽车公司制造工厂的旧址。（照片来源：Didier Boy de laTour 提供）

↑布洛涅森林

塞纳河

●塞夫尔桥站

巴黎

↑埃菲尔铁塔

蒙帕纳斯 →

塞纳音乐厅

塞甘岛

圣日耳曼岛

上塞纳省

0   400m

蜿蜒流淌的塞纳河从巴黎市中心穿过，向毗邻巴黎市西南部的上塞纳省的布洛涅－比扬古市远远流去。

2017年4月22日，在塞纳河的塞甘岛上一个新的音乐设施建成了。那就是坂茂设计的"塞纳音乐厅"（照片1）。

以鸡蛋形大厅为标志

这一带作为巴黎西南部大门的区域，近年来发展速度惊人。音乐厅在行政部门和当地居民的期待下，通过政府与社会资本合作（PPP）模式投入约1.7亿欧元的项目费。

音乐厅主要以包括站立席在内的最多可容纳6 000人的多功能大厅"Ground Seine"和1 150席的古典音乐厅"Oditrium"为主，除此之外，还有排练室、音乐学校、餐厅、屋顶花园等。从地下1层到地上9层，总建筑面积为36 000 m²。

照片 2　篮子状的木构架覆盖着音乐大厅
主体部分古典音乐厅呈鸡蛋形，之后会用玻璃覆盖。照片是在组建木
材期间拍摄的。（照片来源：Nicolas Gromond 提供）

照片 3　天花板上铺满纸管面板
演奏古典音乐专用的大厅"Oditrium"，天花板上满布六角形的木质框架，
内置纸管。共计使用 4 种大小不同的纸管，其中直径最大的纸管还起着隐
藏照明灯具的作用。（照片来源：除了特别标注以外，均为武藤圣一提供）

音乐厅的重磅内容就是"Oditrium"厅，用玻璃和卵形的木构架包裹，在大厅内外使用了大量的木材（照片 2 ~ 照片 5）。在塞纳河的桥上眺望，就好像是在混凝土制的巨轮甲板上放置了一个大鸟笼。

在东南面，设置了船帆似的太阳能发电板（PV）（照片 6 ~ 照片 8）。坂茂先生说："因为方案投标时要求注重环境意识，PV 板还有为音乐厅遮阳的作用。使用环境技术的同时，随着时间的变化，建筑物的颜色和形状随之改变，这个特点成为该建筑的标志。"

约 470 张 PV 板，总面积约 1 000 m²，总重量约 120 t。设置有轨道的转向架，"Oditrium"厅的外围结构以追随太阳方位的形式自动移动。移动所需的电力依靠 PV 板吸收太阳能产生，年发电量大约为 80 万 kWh。

在"Oditrium"厅外廊的墙壁上，沿着曲面铺满了马赛克瓷砖。根据光的照射角度和视角的不同，瓷砖的颜色会发生变化，就像体色从绿色到红色变化的吉丁虫一样。

音乐厅的另一个重要的大厅是"Ground Seine"厅。其门厅设在台阶状的观众席下，上部呈现出曲面的天花板，天花板上使用了两种涂料，与"Oditrium"厅的外廊墙壁一样，根据光的照射方向不同，颜色从绿色变为红色（照片 9、照片 10）。

照片4　景色与瓷砖颜色变化的外廊

"Oditrium"厅周围环绕了360°的外廊，可以欣赏到塞纳河及其对岸的全景。墙壁上铺满马赛克瓷砖，随着太阳光的照射角度变化，瓷砖颜色发生着变化。

照片5　观众席也使用了纸管

"Oditrium"厅的观众席也使用了纸管。内侧的墙壁、包厢坐席的天花板等都用波浪形的木材制作。

在设施内外享受文化氛围

在主入口前的广场上，设置了欧洲最大规模的液晶屏幕。在那里也有着坂茂先生所追求的极致美感（照片11）。

坂茂先生说："年轻的时候，我没有钱买维也纳国家歌剧院的门票，但是可以在剧院外面的屏幕上看到放映的演出实况。为了让音乐厅外面的人也可以一起享受音乐演出的乐趣，所以安装了大屏幕。"

除此之外，坂茂在广场、屋顶花园、建筑物内的门厅等地都设置了公用空间（照片12），在没有演出节目的时候，也可以作为供市民使用的公共设施。

今后，塞纳音乐厅将会作为巴黎的新观光景点，也作为市民日常生活的休息场所，而备受瞩目。（摄影记者：武藤圣一）

照片6 仿佛在船帆上贴满了太阳能板

在"Oditrium"厅的东南侧铺上轨道，让太阳能板可以随着太阳升起和降落而自动移动。

照片7 音乐厅占据小岛面积的1/3

音乐厅好像在大型轮船的甲板上放置的鸟笼一样。

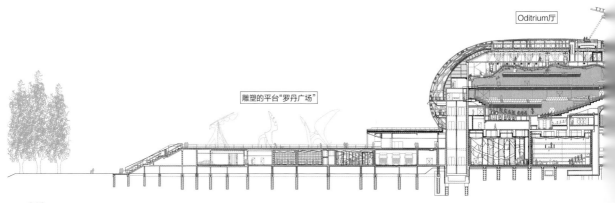

Oditrium厅

雕塑的平台"罗丹广场"

照片 8 PV 板也起到遮阳的作用

兼具门厅遮阳效果的 PV 板。采用透明玻璃夹着绿色的多结晶硅的结构，从
门厅内欣赏也非常美丽。（照片来源：Didier Boy de laTour 提供）

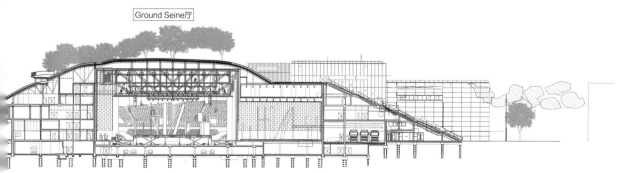

Ground Seine厅

剖面图

照片9 多功能大厅的门厅的颜色也是变化的

多功能大厅"Ground Seine"厅台阶状观众席的下方是音乐厅的门厅。曲面的天花板因为刷了涂料展现出从绿色到红色的变化。

照片10 "Ground Seine"厅有很多用途

"Ground Seine"厅从摇滚音乐的演唱会到表演展示、节目录制等，有广泛的用途。

照片11 广场上的欧洲规模最大的液晶屏幕

为了让所有人都能感受到音乐文化氛围，在广场上设置了巨大的屏幕（照片来源：Didier Boyde la Tour 提供）

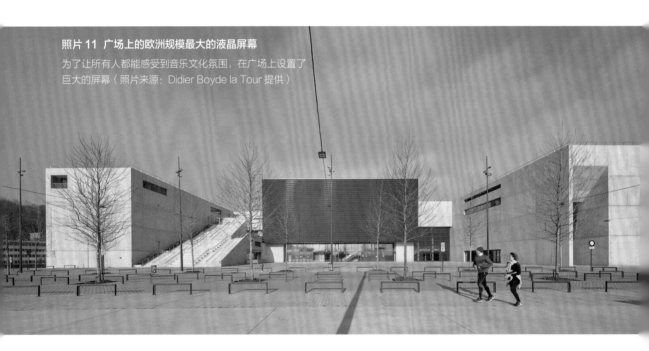

塞纳音乐厅

■所在地：法国巴黎 ■主要用途：多功能音乐厅、古典音乐厅、排练室、录音室、音乐学校、餐厅、店铺 ■可停车数：68辆 ■基地面积：23 000 m² ■占地面积：16 500 m² ■总建筑面积：36 500 m² ■结构：钢筋混凝土结构，局部木结构与钢结构 ■层数：地下1层，地上9层 ■最大高度：35 m ■所有者：上塞纳省 ■设计、监督：坂茂建筑设计事务所、Jean de Gastines Architectes ■设计协助：SETEC TPI（结构）、SBLUMER ZT GmbH（木结构）、Artelia（设备）、dUCKS sceno（舞台设计）、NAGATAACOUSTICS（音乐大厅音响）、LAMOUREUX ACOUSTICS（其他音响）、RFR（到外立面实施设计阶段）、T/E/S/S atelier d'ingenierie（外立面现场）、Bassinet Turquin Paysage（景观）■施工：Bouygues Batiments IDF ■运营：tempo ■设计时间：2013年6月—2014年4月 ■施工时间：2014年3月—2017年1月 ■预期开放日：2017年4月22日 ■总投资：约1.7亿欧元

照片 12　屋顶花园

在"Ground Seine"厅屋顶上覆土建造的花园对普通市民开放，可以作为散步路线自由使用。距离较近的参观者可以看到 Oditrium 厅的 PV 板。

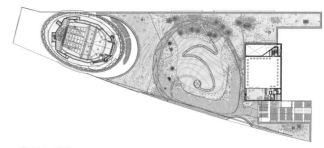

7 层半面图

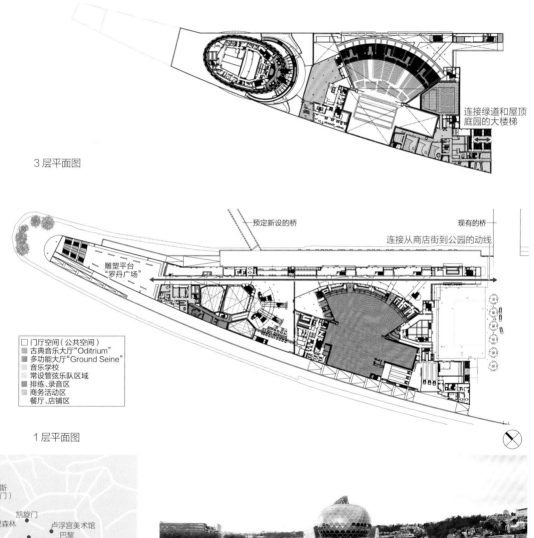

预定新设的桥

现有的桥

连接从商店街到公园的动线

连接绿道和屋顶庭园的大楼梯

雕塑平台"罗丹广场"

3 层平面图

□ 门厅空间（公共空间）
■ 古典音乐大厅"Oditrium"
■ 多功能大厅"Ground Seine"
　 音乐学校
　 常设管弦乐队区域
■ 排练、录音区
　 商务活动区
　 餐厅、店铺区

1 层平面图

拉德芳斯（新凯旋门）
凯旋门
布洛涅森林
卢浮宫美术馆
巴黎
埃菲尔铁塔
塞纳音乐厅

0　　2km

住宅区绵延在塞纳河的两岸。全岛的总设计师是让·努维尔。音乐厅和混凝土部分都是根据整个岛的设计指南进行设计的。

✚ Tamedia办公大楼 瑞士苏黎世

委托方：Tamedia
设计：坂茂建筑设计事务所
施工：HRSRealEstate

没有金属构件的木结构办公室

7层的木构架向内外展示

在瑞士的苏黎世，由坂茂先生设计的木结构办公大楼建成了。这座含有两层跃层的7层木结构大楼，结构材料被完全展现出来，而且在节点处没有使用一个金属构件。以上由摄影记者武藤圣一先生报道。

瑞士媒体公司 Tamedia 办公大楼的夜景。可以隔着玻璃看到木构架。（照片来源：没有特别注明的为武藤圣一提供）

在施工过程中就一直备受苏黎世市民关注的 Tamedia 办公大楼，经过 2.5 年的施工，在 2013 年 7 月基本完成，开始阶段性地投入使用。

Tamedia 公司创立于 1893 年，总部设在苏黎世，主要业务涉及电视、广播、报纸、杂志等。其新总部大楼设在从苏黎世中央车站的南侧步行 10 分钟的河岸边。在约 7 400 m² 的基地内拆除一栋旧建筑进行新建，并且在其旁边的原有建筑物的上部增建了两层。

新大楼的特征是结构材料使用了木材。如果算上中间的两层，总共是 7 层木结构。新建的木结构部分和原有建筑部分，是通过电梯间等混凝土的核心承重部分连接的，但在结构上，木结构部分是相对独立的。

结构主要材料使用的是叫作云杉的集成材，在接合部没有使用金属部件，而是将连接节点做成椭圆状，将木材结实地固定在一起，就好像组装木头玩具那样。

柱梁施工中的情景。梁做成椭圆形插入，不必旋转就可以牢牢固定（照片来源：坂茂建筑设计事务所提供）。

施工中的外观。配合街道尺度调整建筑物的尺度和造型，设计建造与周围融合的建筑（照片来源：坂茂建筑设计事务所提供）。

铝合金窗框和玻璃图案的外壳。水平条纹的部分是玻璃卷帘，可以向上拉起全部敞开。

建筑物的表面覆盖玻璃幕墙和玻璃卷帘门，木质的结构可以很清楚地显现。

坂茂先生说："当初计划选用硬质的橡木和栗木，但是由于价格太昂贵，我便就地取材，改用了当地价格便宜的云杉。因为没有使用造价较高的金属部件，所以整体施工费几乎和普通的钢结构建筑一样。"

"唯有木结构才能散发出的温暖"

在三角形基地的东北角设置的门厅（照片1），进入旋转门，从正面可以看到简洁的接待处柜台。穿过安检区后，展现在面前的是440 mm×440 mm的木柱一直延伸到顶层的中庭空间。这里是建筑内部的展示重点区域。因为木结构外露出来，可以看清木结构节点的细部。中庭的右手边（西侧），是内部为两层的多功能大厅（照片2）。

中庭大厅里设置了连接各楼层的钢楼梯，顺着楼梯向上连接的是每个楼层的休息厅（照片3），在休息厅可以眺望运河河岸、草地、旧街道上的教堂等风景。

照片1　Y形路上让人印象深刻的外观

从正面看东北角的门厅。从左、右、后方可以看到原有的旧楼。

窥视一下刚刚搬完家的《20MINUTEN》杂志采编室。这里是在旧楼上增建的部分，天花板呈圆顶状（照片4）。桌子围绕着中央显示器布置，共有60人在这里工作。

长 23 m 的中庭大厅里单排列的柱子。摆放着坂茂先生设计的纸制家具。Tamedia 公司的第三任总经理彼得罗·斯皮诺介绍说："总部大楼建得富有创造性和艺术的氛围，职员们都非常喜欢。"

照片 2　从近处看木结构的交接部分

从中二层看多功能大厅。可以看到富有动感的木材交接部分。大厅里摆放着雅克布森公司的家具。

照片 3　在中庭旁边小憩

在中庭旁边每个楼层设置的休息厅。

照片 4　最上层的拱形天花板

增建部分最上层的办公室围绕着中央显示器呈圆形配置的《20MINUTEN》的采编室。

坂茂先生说："这个设计不是单纯地用木材替换钢结构，而是让木材展现出其本来的样子，并让人们感受到只有木结构才具有的温暖和舒适性。"

另外，从初期开始就负责跟进的浅见和宏先生表示："如果没有木造建筑的权威赫尔曼·布鲁姆的创意，以及瑞士企业所研究出的木制产品的三维设计和数控路由器的加工技术，这个项目也是无法实现的。"

在我们采访时，在巴黎塞纳河的塞甘岛上建设的音乐厅采用了坂茂的设计方案的新闻也正在报道，那里也会使用大量的木材进行建造，今后将会同样受到瞩目。（摄影记者：武藤圣一）

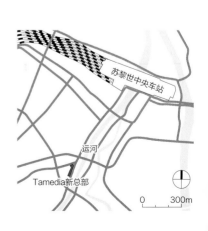

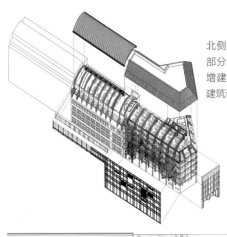

北侧新建房屋，与南侧原有部分连接，再在原有部分上增建两层（资料来源：坂茂建筑设计事务所提供）。

蓝天下运河一侧的外观，外装的玻璃卷帘关闭时的状态。

南北剖面图

东西剖面图（原有建筑上部扩建）

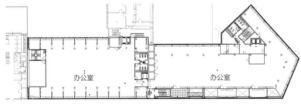

5层平面图

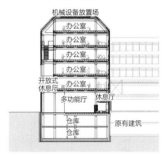

东西剖面图（新建部分）

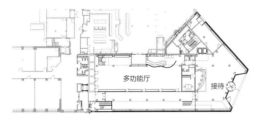

1层平面图

Tamedia 办公大楼

■所在地：瑞士苏黎世 ■主要用途：办公 ■前面道路：24 m ■基地面积：7 360 m² ■建筑占地面积：1 870 m²（新建部分 1 000 m²，扩建部分 870 m²）■总建筑面积：10 223 m²（新建部分 8 790 m²，扩建部分 1 433 m²）■结构：木结构，一部分钢筋混凝土结构 ■层数：地下 2 层、地上 7 层 ■新建部分各层面积：地下 2 层为 1 065 m²、地下 1 层为 1 065 m²，1 层为 1 000 m²，中 2 层为 591 m²、2 层为 1 029 m²，3 层为 1 044 m²，4 层为 1 065 m²，5 层为 1 053 m²，6 层为 878 m² ■扩建部分各层面积：5 层为 870 m²，6 层为 563 m² ■基础：筏式基础 ■高度：最高 26.5 m，檐口高 24.76 m，

层高 3.7 m，室内净高 2.96 m ■主要柱网：5.45 m×10.98 m ■所有者：Tamedia ■设计：坂茂建筑设计事务所 ■设计协作：Itten+Brechbuhl（建筑）、Hermann Blumer（木结构）、SJB.KEMPTER.FITZE（木结构）、Urech Bartschi Maurer（钢筋混凝土结构）、3-PLAN（电气、空调、卫生设备）、feroplan（立面）■施工：HRS Real Estate ■施工协作：Blumer-Lehmann（木结构）■运营：Tamedia ■设计时间：2003 年 4 月—2010 年 12 月 ■施工时间：2011 年 2 月—2013 年 7 月 ■开放：2013 年 8 月

外装饰面

■屋顶：防水卷材＋沙砾敷设（平屋顶）、不锈钢＋锡复合板（拱形屋顶）■外墙：玻璃幕墙（3 层玻璃），一部分铝合金面板 ■外墙门窗：铝合金门窗

内装饰面

办公室 ■地面：OA 地板＋方块地毯 ■墙壁：玻璃隔断、混凝土墙体、石膏板涂装 ■天花板：复合木结构天花板，涂装开放休息厅、内部休息厅 ■地面：OA 地板＋方块地毯 ■墙壁：玻璃隔断 ■天花板：复合木结构天花板，涂装接待区 ■地面：人造大理石 ■墙壁：玻璃隔断、混凝土墙体

结构设计师展望木结构的未来

坂茂先生近年与擅长木结构设计的瑞士结构设计师赫尔曼·布鲁姆在许多项目中进行了合作。我们通过电子邮件采访了布鲁姆先生关于Tamedia办公大楼建设过程的一些情况。

赫尔曼·布鲁姆（Hermann Blumer）瑞士结构设计师。1943年出生于瑞士巴特舒塔特，1971年至1997年，担任经营木材的布鲁姆公司的总经理，在1997年成立了主营高精度木材加工的布鲁姆·雷曼公司。（照片来源：Hermann Blumer提供）

到现在为止和哪些建筑师合作过？

迄今为止合作的几乎都是瑞士国内的建筑师，比如彼得·卒姆托（Peter Zumthor）、赫尔佐格＆德梅隆（Herzog & de Meuron）等。

与坂茂先生一起合作建设 Tamedia 办公大楼的过程中最辛苦的事情是什么？

为了建设这个项目，墙壁和地板的连接方法均开创了不使用钢构件的新方法，这种方法在多层住宅或办公室里也可以使用。虽然与坂茂先生合作的梅斯中心（2010年）以及韩国的纳恩布里维斯高尔夫俱乐部（2010年）也几乎是不用钢构件连接的，但这个项目已经成为一个完全不用钢构件的示范项目（图1、照片1）。

这种方法的实施刚开始似乎妨碍了工程师们的惯有做法（迄今为止使用的方法），但是当我说明之后，大家都能迅速地理解，最终项目顺利完成。

在瑞士的国内，有与Tamedia新总部相同规模的木造办公大楼吗？

没有，我觉得在瑞士这种规模的办公室是第一个。

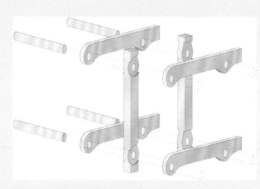

图1 未使用金属构件的连接
木结构构架的概念图，在连接部分不使用金属构件。

照片1 插入椭圆的洞里
组装现场，连接部分用椭圆状的部件固定。（照片来源：坂茂建筑设计事务所提供）

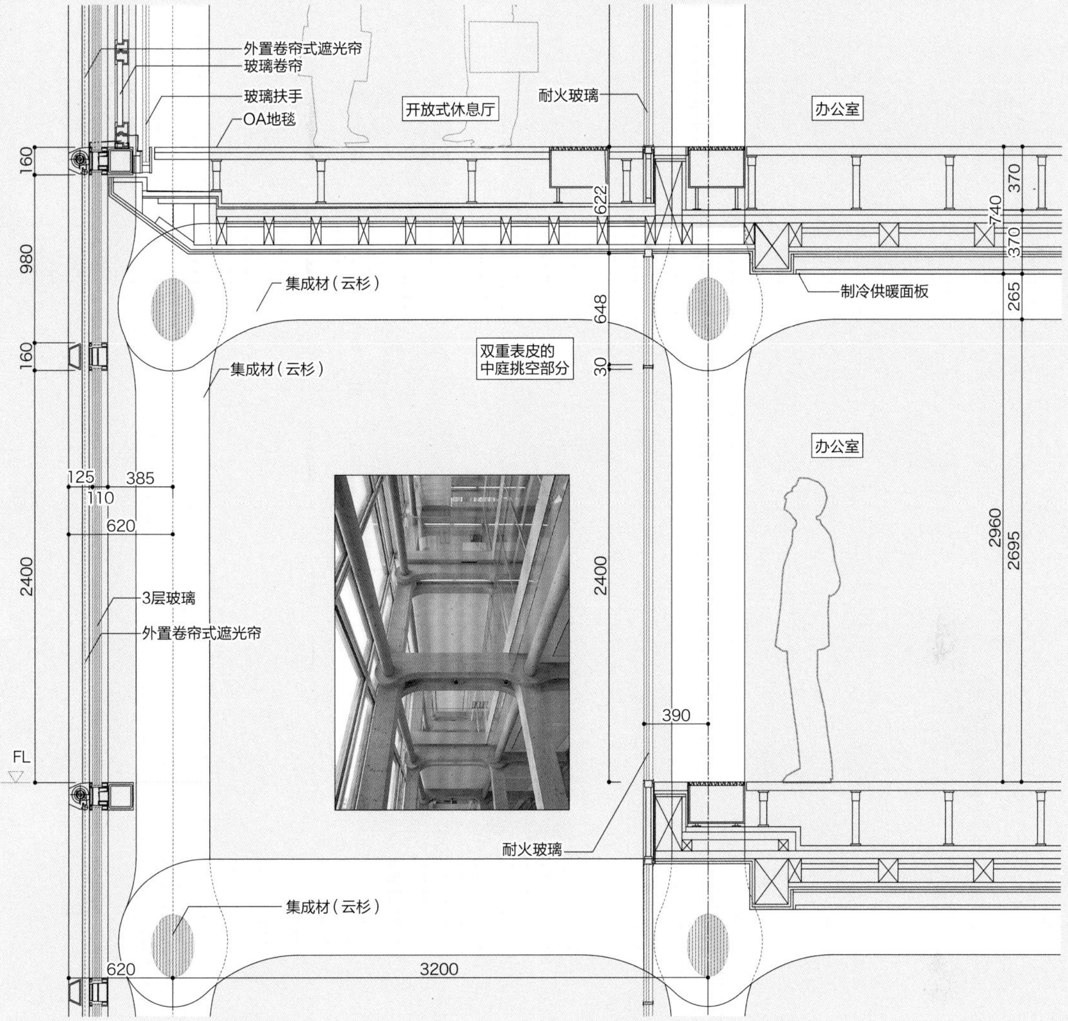
外置卷帘式遮光帘
玻璃卷帘
玻璃扶手
OA地毯
开放式休息厅
耐火玻璃
办公室
集成材（云杉）
制冷供暖面板
双重表皮的
中庭挑空部分
集成材（云杉）
办公室
3层玻璃
外置卷帘式遮光帘
FL
耐火玻璃
集成材（云杉）
160
980
160
2400
125
385
110
620
622
648
30
2400
390
370
740
370
265
2960
2695
620
3200

为什么选用云杉做结构材料呢?

当初计划在结构部分使用栗木等材料，但得知其价格较贵后，决定采用云杉。

耐火性能如何?

能承受高温 60 分钟左右。

在瑞士，对结构强度和耐火方面进行审查的重点是什么?

瑞士的建筑许可等由各个州独立审查。没有关于结构和耐火方面的法律和条例。

Tamedia 的木结构构架最多可以建多少层?

到 20 层吧。如果是混合结构的话，估计可以建到 50 层。

在日本的城市，例如东京可以建造如 Tamedia 那样的大楼吗?

这 15 年间木结构的技术飞跃性地提高了。现在有针对变形的弹性连接方法，而且木结构不像钢筋混凝土或者钢结构那样重。材料轻更具抗震优势，所以在日本也能建像 Tamedia 那样的木结构大楼。

在城市中是什么原因使木结构的普及受到阻碍?

人们对耐火性的不信任感阻碍了木结构的推广。另外，隔声性能也是其中一个原因。我觉得对于木材的可能性认识不足是一个很大的问题。除上述两点以外，没有其他问题。我认为，木材与混凝土、钢、玻璃组合使用的方法在不久的将来就会得以实现。

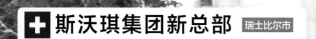

委托方：斯沃琪集团
设计：坂茂建筑设计事务所
施工：Blumer-LehmannAG（木结构）

✚ 斯沃琪集团新总部 瑞士比尔市

3D加工建造的木结构网格外壳

计算机解析实现了薄壳设计

木制网格壳体像生物一样，起伏摇曳着包裹住建筑。斯沃琪集团新总部的建筑挑战了木结构壳体的极限。设计师坂茂阐述了向欧洲学习木结构技术的重要性。

照片1　建筑外壳的木构架的格子

木制网格壳体的施工现场，用ETFE（乙烯—四氟乙烯公聚物）膜覆盖屋顶，以引入更多的阳光。（照片来源：除了特殊标记以外，均由《日经建筑》杂志提供）

　　照片 1 是世界著名的钟表制造商斯沃琪集团投资建设的斯沃琪集团新总部。俯瞰斯沃琪集团新总部的建筑，其仿佛是倒下的巨大木笼。木制网格壳体的天花板，描绘出栩栩如生的形状（图 1）。

　　巨大的外壳横跨公路，覆盖在城市道路西侧的复合建筑物"欧米茄 2 号楼"的天花板上。进入壳体结构的内部，就看到木材纵横复杂地组合起来的样子。又像是用压力机加工成的金属板的样子。网格状的屋顶和墙面，被 ETFE 膜和玻璃覆盖着。通过大量引入阳光，调整建筑物的温度环境。在施工现场旁边设置的实物大模型可以检测 ETFE 膜的效果。在 ETFE 膜中，一些地方设置了十字交叉的结构，用来吸声。"白十字"是瑞士国旗上的图案，同时也是斯沃琪品牌的标志（照片 2）。拥有巨大木结构的斯沃琪集团新总部大楼位于瑞士西北部的比尔市，是此次实施的三栋大楼的新建项目中的一个。除了斯沃琪集团新总部大楼，还有欧米茄品牌的生产厂房"欧米茄 1 号楼"和作为博物馆的"欧米茄 2 号楼"（图 2）。比尔市是瑞士手表生产的中心地区。与斯沃琪集团竞争的劳力士也在此拥有办公点。

图 1　在道路上起伏的屋顶

斯沃琪集团新总部将成为当地的标志性建筑。木制网格壳体的部分屋顶还覆盖着作为博物馆的"欧米茄 2 号楼"的最上层（资料来源：ArtefactoryLab、斯沃琪集团提供）。

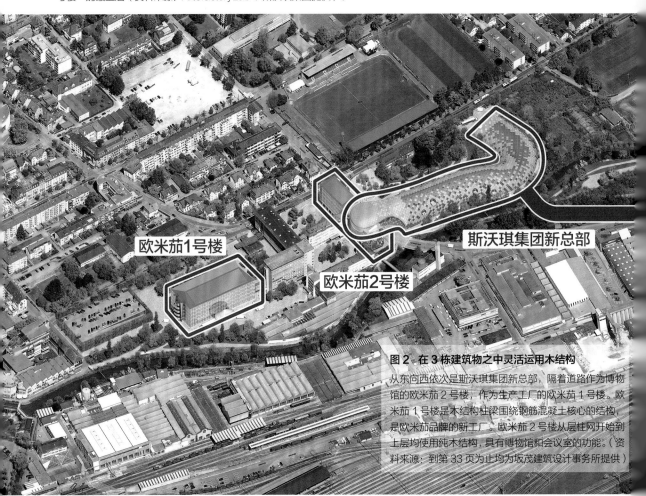

欧米茄1号楼

欧米茄2号楼

斯沃琪集团新总部

图 2　在 3 栋建筑物之中灵活运用木结构

从东向西依次是斯沃琪集团新总部，隔着道路作为博物馆的欧米茄 2 号楼，作为生产工厂的欧米茄 1 号楼。欧米茄 1 号楼是木结构柱梁围绕钢筋混凝土核心的结构，是欧米茄品牌的新工厂。欧米茄 2 号楼从层柱网开始到上层均使用纯木结构，具有博物馆和会议室的功能。（资料来源：到第 33 页为止均为坂茂建筑设计事务所提供）

建设中的木构架（照片来源：坂茂建筑设计事务所提供）。

天琪集团总部大楼的剖面图

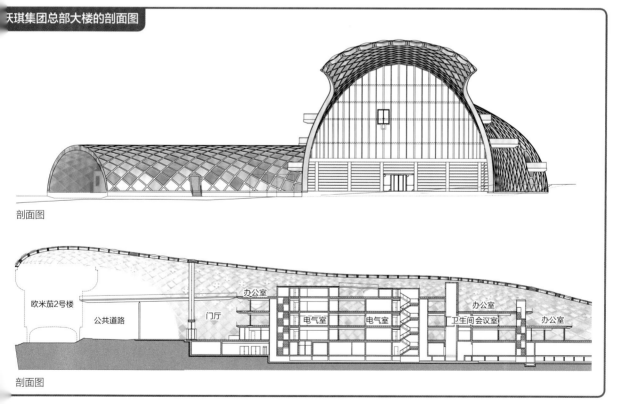

剖面图

欧米茄2号楼　公共道路　门厅　办公室　电气室　电气室　卫生间会议室　办公室

剖面图

图3　用木网格覆盖钢筋混凝土

建在 L 形用地的斯沃琪集团新总部大楼像蜉蝣一样地"飘浮"着。建筑物的核心以
及楼板是用钢筋混凝土建造的，然后使用木结构网格壳体覆盖。

照片 2　网格中的十字斜撑

参考瑞士国旗和斯沃琪品牌中使用的白色十字，设计出斜撑的形状，设置在 ETFE 膜的内侧，起着吸声的作用。

照片 3　复杂弯曲的木材

施工中的木构架。可以看出不是单纯的方格子。

负责建造三栋大楼的设计师是通过国际投标获胜的坂茂先生。采用坂茂的设计方案的斯沃琪集团，期待使用木材作为结构材料的斯沃琪集团新总部大楼能够成为引人注目的地标性建筑。

斯沃琪集团新总部为了建设大楼而购买的基地是 L 形的。坂茂选用了以钢筋混凝土建设建筑物的核心及楼板，用木网架覆盖的方案（图3）。复杂弯曲的木材用计算机数控（CNC）加工机进行切割。负责该项目的冈部太郎先生说："将那样巨大结构的木材加工成复杂形状的 3D 解析技术，比日本的更先进。"（照片 3、照片 4）

只有木结构才能实现更简洁的结构。在网格状壳体梁部的设计变更中，将厚度从初始设计压缩了约34%。原来在梁下配置空调设备和辐射式空调管道、在梁的反面加上造型的部分，使整个梁从造型到设备部分的厚度达到了 1387 mm。为了使其更简洁，瑞士木结构设计师赫尔曼·布鲁姆使用 3D 解析技术，把梁加工成能容纳管道和造型的组合结构，梁的厚度减少到 910 mm（照片 5）。

在瑞士有这样既是建筑师又可以负责施工还可以使用 3D 解析技术的专家。用 CNC 加工机制做出精密地切削木材的程序也是他们的工作之一。

照片4 负责该项目的冈部太郎先生

冈部先生在现场与许多专家进行了协商，除了木结构专家之外，还有音响、防灾、空调、电气、景观等数十家顾问公司的专家。

照片5 用3D解析技术将梁的厚度减少34%

木制网格壳体的梁部由造型、梁、管道等组成，设计最初厚度为1 387 mm。通过3D解析技术，做成将设备等直接组合在木材上的构造形式，使梁厚度减少到910 mm。

照片6 在现场只是简单地组装

承揽木结构施工的是瑞士的布鲁姆·雷曼公司，其在木结构建筑方面的技术得到了坂茂先生的信任，该公司也参与了瑞士苏黎世的Tamedia新总部和海外的一些木结构施工。

照片7 较少人数就可以施工的木制构架

在现场只是将精巧切割的木材组装起来，就可以实现复杂构架。施工现场的工作人员非常少。

在完成新结构创意的过程中，制作成3D模型的影像被投放在投影仪上用于讨论方案。冈部先生表示："因为使用投影，所以几乎没有制作模型。"在施工现场，负责木结构施工的瑞士布鲁姆·雷曼公司职员组装了网格壳体。他们把做工精巧的木梁像接缝一样准确地插牢（照片6）。施工人员很少：木材的组装作业人员为2人，起重机作业人员为2人，部件的准备由1人负责（照片7）。

正因为使用了精确到毫米的加工木材，在施工现场将构件拼在一起就可以完成结构。这看起来就像将巨大的拼装玩具组装在一起那样简单。（江村英哲）

斯沃琪集团新总部

■所在地：瑞士比尔市 ■主要用途：办公 ■前面道路：13.7 m ■停车数：197辆 ■基地面积：19 501 m² ■建筑占地面积：6 380 m² ■总建筑面积：25 016.6 m² ■结构：木结构、钢筋混凝土结构 ■层数：地下2层、地上5层 ■耐火性能：90分钟耐火 ■各层面积：地下1层为3 418.6 m²，1层6 236.7 m²，2层为2 997.1 m²，3层为2 432.9 m²，塔层为280.8 m² ■基础、桩：直接基础 ■高度：最高高度23 m，层高4.1 m（地下层高3.45 m）■主要柱网：8.5 m×9.125 m ■所有者：斯沃琪集团 ■设计者：坂茂建筑设计事务所 ■项目管理：Hayek Engineering ■施工管理：Itten+Brechbühl ■设计协作者：赫尔曼·布鲁姆+SJB. Kempter.Fitze（木结构），Schnetzer Puskas Ingenieure（木以外的结构），Design-to-Production（3D专家），Leicht（外墙工程顾问），Gruneko Schweiz（空调换气设备），Herzog Kull（电气设备），BDS Security Design（避难、防灾），Transsolar | KlimaEngineering（持续性）、Fontana Landschaftsarchitektur（景观）、Reflexion（照明）、日本设计中心（标志计划）■监理：坂茂建筑设计事务所、Itten+Brechbühl ■施工：布鲁姆·雷曼公司（木结构）、ARGE（JV）MartiAG、Frutiger AG（主体）■设计时间：2011年11月 ■施工时间：2015年2月

欧美更适合建设高精度的木结构

坂茂先生在法国从事了10年以上的设计工作，我们就他在欧美进行设计工作时遇到的困难进行了采访。他在既要追求高质量，又要控制预算的情况下，在木材的使用方法上面下了很多功夫。

坂茂

坂茂建筑设计事务所代表。1978年考入美国南加利福尼亚建筑大学，1984年获得库柏联盟建筑学院建筑学士学位。1982年开始在矶崎新工作室工作，1985年成立坂茂建筑设计事务所。2011年开始任日本京都造型艺术大学教授。2010年获得法国艺术文化勋章，2014年获得普利兹克奖（照片来源：山田慎二提供）。

塞纳音乐厅（照片1）的古典音乐厅"Oditrium"，在内装上使用纸管和合板，创造出独特的图案。请问您是如何兼顾成本和品质的呢？

塞纳音乐厅是我设计的第一个音乐厅项目，在负责音响设计的永田音响设计公司的丰田泰久先生的指导下，我一边尝试建设一边修正错误。最初以将纸管横放的形式来构成天花板，但是，他指出纸管的空洞避开音响的表面比较好，于是改成了把纸管切成薄片，放在六角形的框架内，形成让声音穿过纸管部分、在天花板上将声音反射回来的结构。

墙壁和观众席的天花板使用了3种图案（照片2）。因为有预算限制，所以要考虑木制合板的组合方式。虽然很麻烦，但可以控制材料费用，只用一种波浪状的合板进行组合。听取丰田先生意见的同时，我决定将3种不同的图案在能反射声音的地方和吸收声音的地方分开使用。例如观众席后面，我将合板纵横交叉，在其中放置吸声材料。

照片1 木构架的玻璃圆顶

2017年4月22日在法国开放的音乐设施塞纳音乐厅位于塞纳河的岛上（照片来源：武藤圣一提供）。

照片2 波浪状的合板吸声材料

"Oditrium"古典音乐厅坐席后面的墙壁。加入吸声材料——合板，做成波浪状形成了3种花纹（照片来源：武藤圣一提供）。

照片3 不用金属构件组装木材

建设中的"Oditrium"大厅外廊。连接点不使用金属构件，只有木材组成架构。由于接合处只有4根木材，所以很简洁（照片来源：《日经建筑》杂志提供）。

照片4 施工现场团队

坂茂先生与坂茂建筑设计事务所的法国合伙人乔恩·德·加斯替努先生（照片来源：武藤圣一提供）。

简化木结构的接合部件

将覆盖音乐厅的木构架排列成六角形和三角形的原因是什么呢？

在2010年完成的"蓬皮杜·梅斯中心"项目中，其屋顶也采用了同样的图案。要说为什么这样排列，原因是如果只是六角形结构的话就无法取得水平的刚性，加入三角形之后，刚性会更强。

相反地，如果全部是三角形的话，一个点有6根木材，节点变得很复杂。选用六角形和三角形的组合，节点总是只有4根，非常简单（照片3）。

虽然复杂节点使用金属构件就可以做成，但是成本很高。另外若用金属的话，就没有必要建设木结构的建筑了。

最近流行的木结构常有即使是适合钢结构的构造也会勉强使用木材的情况。但是，如果不挑战只用木头做建筑，我觉得会很无趣。

在限制中保持独特性

不仅是塞纳音乐厅，我想在可以使用木材的地方尽可能使用木材。因为在欧美设计项目的时候，木结构的施工精度是最高的。

例如在施工现场打的混凝土，其品质保持到施工最后阶段是很困难的。在欧美的施工现场没有施工图纸，与外包公司也很难进行充分沟通（照片4）。

瑞士比尔市建设中的项目斯沃琪集团新总部也是木制的，所以可以放心交给我（照片5）。

如果采用木结构，只要能画出图纸，就能用机器正确地切割三维形状，精度高，速度也快。无论是纸还是木材，尽量使用有局限的材料，我想在这个受限制的范围内创造出新的东西。钢是万能的材料，什么都做得出来，所以就容易出现造型的随意性。但是使用纸、木头等材料，必须考虑符合其素材的形状、工法和节点，所以受限制的材料可以做出更能表现该素材的建筑。

照片5 建成木结构网格壳体的斯沃琪总部

在瑞士建设中的斯沃琪集团新总部。木结构网格壳体施工时的场景（照片来源：《日经建筑》杂志提供）。

图1 摩纳哥公国的缆车车站

预定在摩纳哥公国建设的缆车车站的设计完成效果图。图片是中标时提交的，现在处于争取相关机构的认同和许可的阶段（资料来源：ArtefactoryLab 提供）。

对欧洲的木材加工技术感到惊叹

"对于木结构，可以追求更高的施工品质"，您是什么时候发现这件事的呢？

是在欧洲开始设计工作时意识到的吧。欧洲的施工公司的工作方法与日本不同。与瑞士的木结构施工公司布鲁姆·雷曼公司合作时，其加工技术水平之高让我惊叹。它使用计算机解析技术进行加工木材的设计、切割，实现复杂的三维形状。

该公司在承接斯沃琪办公大楼的项目后，开发了新的木材加工机器，在距离瑞士苏黎世市区1小时车程的地方建设了大型工厂。在那里，木材经过完美切割后运到施工现场，然后将木材简单地组装起来，速度非常快。脚手架也都是木制的。

这些事情必须在施工现场和工厂才能了解到，所以我不能完全交给别人。我每隔一周就去一次巴黎分公司的办公室，再去一次施工现场。

今后会继续在欧洲积极挑战木结构建筑吗？

我在日本和美国都有分公司，原本在日本和美国更容易开展工作。而法国是即使没有相关项目经验，也有机会获得设计项目的国家。但是，如果不是因为我之前有设计音乐厅的经验，也不能在塞纳音乐厅项目的招标中报名。

虽然在施工现场工作很辛苦，但即便如此，我也会在法国继续努力，因为法国不计较过去的设计成绩将工作机会给了我。

另外，从"蓬皮杜·梅斯中心"项目开始，在过去的十年，我在法国拥有了非常好的合作伙伴和团队。我在欧洲学习了很多东西，建立了新的人脉，创造了新的业绩，我感觉这些对我的设计工作都有所助益。

最近，我在欧洲开展的木造建筑项目之一是预定在摩纳哥公国建设的缆车车站（图1）。现在设计刚刚结束。

该车站建设在从摩纳哥王官能俯瞰的地方，把木构架重叠起来做成像玫瑰花一样的形状。互相重叠、互相支撑，这是单个木材即使很短也可以构成的木结构。

绿色的屋顶上铺设太阳光发电（PV）面板，玫瑰花瓣部分使用热可塑性 ETFE 膜。这个项目也是与赫尔曼·布鲁姆先生合作的。

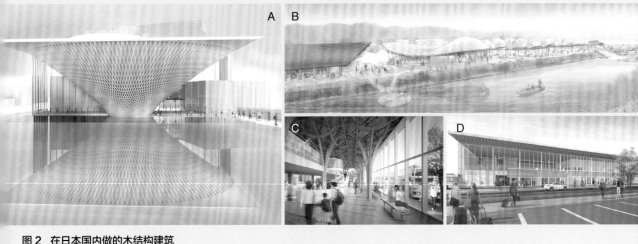

图2 在日本国内做的木结构建筑

A：在静冈县富士宫市计划建设的"富士山世界遗产中心"的完成效果图。设计成木构架倒映在水面上像是富士山的样子。
B：在大分县竹田市计划建设的"迷你养护之家"。其中也一起设置了居民楼和饭店等。
C：在大分县由布市计划建设的"由布旅游服务中心（TIC）"的完成效果图。设置了能够眺望由布岳山脉的展望台等。
D：在静冈县牧之原市计划建设的"富士山静冈机场航站楼"，由于成本和工期问题，对2014年实施的方案做了大幅改动。
（资料来源：坂茂建筑设计事务所、日本机场顾问提供）

日本国内也致力于木结构建筑

日本也有几个您设计的项目正在进行，可以介绍其中一些独特的木结构项目吗？

静冈县富士宫市的"富士山世界遗产中心"（在2017年10月完成），用木构架在水面上倒映出富士山的形状。三维曲面的造型，使用木材最容易施工。

木结构部分委托了Shelter公司（山形市）。该公司在布鲁姆先生的介绍下导入了3D切割机，在富士山世界遗产中心项目中使用这种机器进行施工。

还有大分县竹田市的"迷你养护之家"、由布市的"由布旅游服务中心（TIC）"（2018年1月完成）。均未采用难度极高的技术。因为如果在海外加工后运送过来的话，成本非常高。为了让不具备3D切割机的当地企业也能施工，设计的构造只在平面方向有弯曲。

孤立化的日本木结构

是否有只能在日本处理的木结构技术呢？

没有。二战后，日本停止了木结构建筑的发展。另外，针对木材的可燃性日本也有严格的法规，比如设置阻燃措施等。因此，产生了只有日本才能用的产品。

在欧美，虽然对木结构建筑也有法规限制，但我觉得因为日本有一些不必要的规定，木结构技术也被孤立化了。位于静冈县牧之原市的"富士山静冈机场航站楼"项目，我起初提议采用扭转集成材拱形结构的方案，那是世界最新技术。

但是，该技术需要3D加工机器，虽然上述的Shelter公司可以施工，但是工作量超过了1家公司所能承担的负荷，还有成本和工期等问题导致最终没有采用这个方案。我做了只保留木制屋顶的设计变更。

变更后，采用了与在神奈川县箱根町设计的"仙石原住宅"项目相同的结构，我在减少大梁、增强空间连续性方面下了很多功夫。对于扭转式木结构，我想总有一天会在其他的项目上再挑战一次的。（采访者：菅原由依子）

隈研吾 | KENGO KUMA

相对于专注"木头与木头组合"的坂茂先生，隈研吾先生则使用木头与钢、碳纤维材料等不同材料组合来开拓新的表现形式。下面将介绍瑞士和巴西的两个木造项目。

✚ EPFL 艺术实验室　瑞士洛桑

委托方：EPFL
设计：隈研吾建筑设计事务所、HolzerKoblerArchitekturen
施工：MartiConstructionSA,Lausanne

与墙连为一体的长240 m的大屋顶

木材和钢的夹层框架并列

木制屋檐的大屋顶覆盖在3座建筑物上。隈研吾负责该项目的建筑设计工作，在瑞士洛桑联邦理工学院（EPFL），他在木材和钢的夹层框架上实现了与墙壁连接的复杂形状。

EPFL 艺术实验室的夜景
（照片来源：MichelDenance/EPFL 提供）

照片 1　连接学生宿舍和校园的长屋顶

隈研吾设计的 EPFL 艺术实验室，南北延伸的长屋顶
达到了 240 m。

照片 2　将木板墙面加工成久经风雨的样子

将墙壁做成在瑞士的严酷气候下久经风雨的效果，通过做旧
将其凸显出来。

照片 3　木屋顶将室外与室内连接在一起

透过大玻璃墙面向上看天花板，可以看出房檐与室内通过木
材连成一个整体。

在南北走向的木制屋檐下，学生们边走边谈
笑风生。长 240 m 的屋顶下面是连接咖啡店、美
术馆、研究展示室的通道。拥有如此长的屋顶的设
施，是由隈研吾建筑设计事务所和 Holzer Kobler
Architekturen 联合设计的。这是位于瑞士洛桑郊
外的 EPFL 艺术实验室（照片 1）。于 2016 年 11
月投入使用。

隈研吾在 2012 年的竞标中入选。EPFL 艺术
实验室是隈研吾在瑞士设计建造的第一个建筑。像
长屋一样的建筑物覆盖着灰色的墙面，色调如同历
经过多年的风雪而略显暗淡。为了纪念原先伫立在
此的老建筑，木板表面进行了做旧加工（照片 2）。

EPFL 艺术实验室项目的总负责人拉库·迈
耶先生为我们介绍了建筑内部。一进室内，扑面

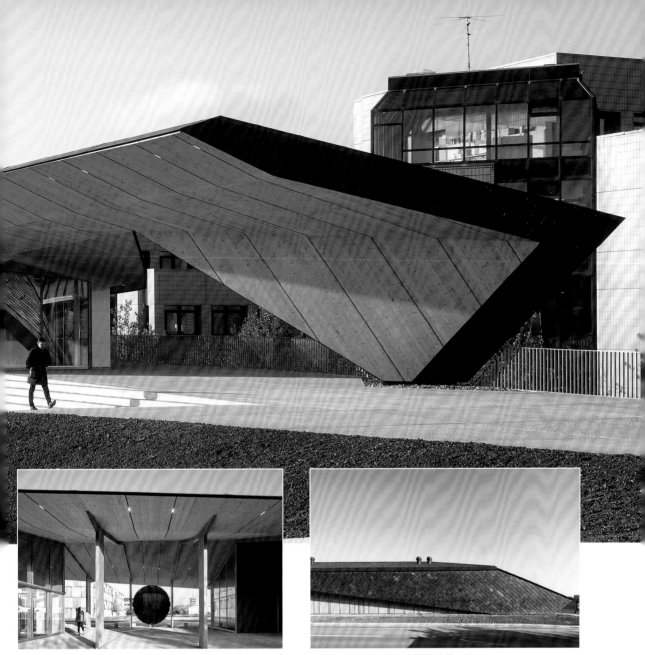

照片 4　在建筑与建筑之间覆盖木屋顶
美术馆、咖啡厅、研究展示室这三个建筑虽然是分开的，但长屋顶将它们连在一起。

照片 5　屋顶和墙面连续的形状
建筑两端的屋顶和墙面仿是一条带子连在一起。

而来的是木材特有的芳香。迈耶先生说："这里的特点是屋檐与室内的天花板使用同样的木材连接。站在大玻璃墙前面，会有外面和里面用木材连在一起的感觉。"用屋顶连接室内、室外的方法是隈研吾先生曾在根津美术馆（东京都港区）实践过的设计手法。

负责 EPFL 艺术实验室项目的巴利·斯坦顿先生评价道："南北两端的屋顶形状非常出色（照片 5）。"他还说："扭曲形状的屋顶对施工是一个挑战。正因为结构上使用木材这一可以灵活加工的材料，所以才能形成屋顶仿佛连接着墙面的复杂形状。"

这种形状是通过钢板加固集成材的柱子与梁得以实现的。只要将其放在屋顶下就能感受到木质

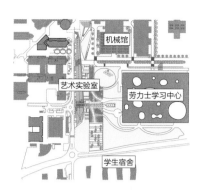

图1　EPFL 校园地图

EPFL 艺术实验室处于这两座建筑的对面。

照片6　EPFL 是建筑的陈列箱

照片中的湖是莱芒湖。湖的左边是 SANAA 设计的"劳力士学习中心"，右边是隈研吾设计的 EPFL 艺术实验室。照片中左面部分是多米尼克·佩罗的"机械馆"（照片来源：Adrien Barakat、EPFL 提供）。

照片7　频繁地去施工现场

参与了 EPFL 艺术实验室设计的比亚鲁·路易斯·哈维尔设计室长（右）和马尼埃罗·尼古拉工程师（照片来源：《日经建筑》杂志提供）。

构架，而且能感受到建筑物的人情味。EPFL 艺术实验室为什么选择长屋顶呢？环顾四周就会明白其中原因。背靠校园南部的莱芒湖的右边是 SANNA 设计的"劳力士学习中心"（2010 年竣工），正面是法国建筑师多米尼克·佩罗设计的研究设施"机械馆"。EPFL 艺术实验室处于这两座建筑的对面（照片6、图1）。

　　EPFL 的校园可以说像是一个极具特色的建筑展览。斯坦顿先生表示："从钢筋混凝土（RC）

结构的劳力士学习中心，以及用钢制的富有机械感的机械馆，到隈研吾设计的长长的木屋顶，这在世界上是罕见的校园景观。"

　　EPFL 从 2000 年初就为了提高大学知名度而努力。其中一个环节就是由著名建筑师进行校园重建。学生们在佩罗设计的大楼里进行研究，在 SANAA 设计的咖啡厅里谈笑风生，在隈研吾设计的实验室中接触各种文化。这是 EPFL 的校园生活构想。

与世界性建筑对峙的力量

在 2012 年的竞标中，15 个设计事务所入围。在确定如何处理三个建筑物的关系上，隈研吾提出了长屋顶的创意而获得了胜利。他的着眼点是"人的流动"。

隈研吾建筑设计事务所中负责 EPFL 艺术实验室设计的哈维尔解释说："北侧是学生食堂，南侧是学生宿舍。往返这两个地方的学生很多，因此需要'一条路'。"（照片 7）

当然也要考虑 SANNA 和多米尼克·佩罗的现有建筑。为了让人接受新建筑，哈维尔说："需要一些对战的力量。"劳力士学习中心的面积约为 37 000 m^2，而 EPFL 艺术实验室约 3 500 m^2。

"想要展示出不输给其他建筑的存在感，单独展现的力量是不够的。因而设计了一个大屋顶。"有 3 个建筑的 EPFL 艺术实验室在北侧的短边方向的宽度变窄。最窄的部分仅为 5 m，南侧最宽的部分为 18 m（图 2）。结构计划是以 3.8 m 的间距设置木和钢的混合框架（图 3）。这一框架是由木梁柱、冲压钢板像三明治一样做成的组合构架构成的。

组合构件的宽度是 66 cm，厚度为 12 cm，无论柱子和梁的哪一个截面厚度都是固定的，但贴在木材上的钢材厚度根据跨度大小而发生变化。这是因为美术馆和咖啡屋等跨度很宽的地方需要提高强度。面向南侧的短边跨度越大，组合构件使用的钢材厚度越大（图 4、照片 8）。

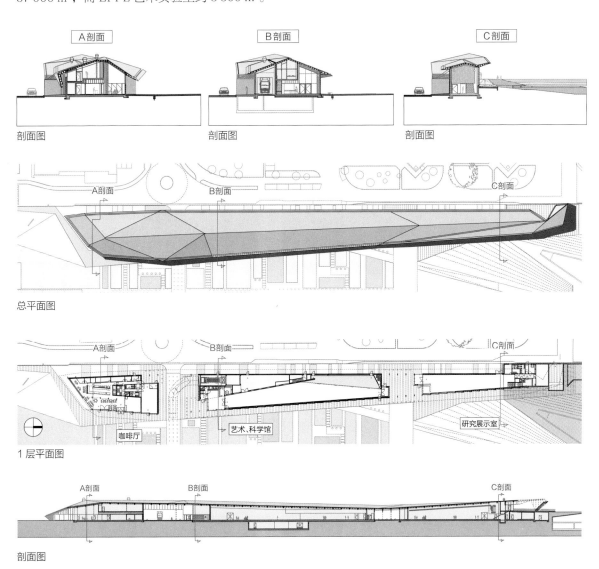

图 2 东西跨度从 5 m（最窄）到 18 m（最宽）

越向北，大屋顶的东西跨度越窄（资料来源：第 45、46 页均由隈研吾建筑设计事务所提供）。

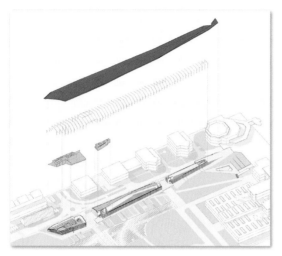

图3 等间隔设置柱梁组合构架

南北方向布置的柱子间距，除了建筑之间的车道部位以外，统一为 3.8 m。

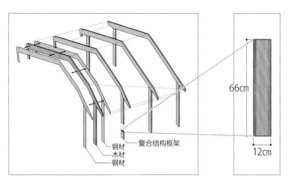

66cm

12cm

钢材
木材
复合结构框架
钢材

图4 钢材的厚度与大跨度相对应

等间隔设置木材和钢材构成的组合构架，使工期缩短了 3 个月。柱子、梁统一为宽 66 cm、厚 12 cm。为了支撑较大的跨度，改变了加固用钢材的厚度以确保强度。

照片8 木头和钢组成的模块

当初设想不用钢材的话，也可以考虑使用耐久的铝材料，但是由于铝的膨胀率、收缩率比钢铁大，所以没有采用（照片来源：KKAA 、EPFL 提供）。

从铝材变更为钢材

哈维尔说，在竞标阶段作为加固用的冲压金属材料考虑使用耐久性强的铝材，但铝材会随着温度变化而膨胀或收缩，最终选择了钢材。洛桑市夏天很热，冬天很冷。在实施木材和铝材组合的测试中，铝由于温度变化容易引起膨胀或收缩。因此，使用钢材制作了柱、梁的组合构件。

钢材比铝材便宜，成本也比较低。但是，施工过程并不是一帆风顺，事务所的工程师马尼埃罗·尼古拉说："最初从钢材和木材之间流出黏合剂，会在材料表面留下痕迹，因为我们不能接受这样的组合构件，所以下了很多功夫解决这些问题。"为了确认组合构件的模型，他从巴黎事务所到洛桑往返了七八次。

为了实现新的设计方案必须提高组合构件的精度，这需要花费大量时间。比起在施工现场从零开始，在工作室预先组装好构架的施工方法更节省成本。

尼古拉工程师说："由于使用了组合构架结

照片 9 尊重瑞士传统建筑中的石砌屋顶

隈研吾先生说："我从瑞士的山岳地带的石砌屋顶的木结构建筑中得到了灵感。"（照片来源：KKAA、EPFL 提供）

照片 10 屋顶的雨水不落到房檐上

雨水从房顶滴落到屋檐下的人行道上，如果结冰会很危险，所以让它集中流淌到屋顶边缘附近的屋面排水沟里（照片来源：Michel Denance、EPFL 提供）。

构施工，提前 3 个月完工，从而降低了成本。"事实上，在组合构件中使用的钢材，除了为柱子、梁加固之外还发挥着其他作用。设置隐藏排水管也与洛桑的气候有关。

使用黑色石材的石板屋顶，从远处看其边缘就像纸一样薄（照片 9），为一下雨就能自然滴落的形状。但是，在洛桑不能允许雨水自然流淌，如果在冬季结冰，人行道会变成滑冰场。

因此，屋顶边缘附近配置了水平方向延伸的排水沟（照片 10）。雨水聚集后通过管道变成垂直排水，再用钢材隐蔽排水管道，最终实现了不破坏屋顶美观的设计。

隈研吾先生在瑞士旅行时，从位于山丘地带的石砌屋顶的木结构建筑中获得了灵感。他怀揣对瑞士传统建筑的敬意，设计了树木和石头组合的建筑，进一步提升了 EPFL 校园的价值。（江村英哲）

EPFL 艺术实验室

■ 所在地：瑞士洛桑联邦理工学院（EPFL）校园内（瑞士洛桑） ■ 主要用途：美术馆、展示空间、咖啡厅、会议室 ■ 建筑密度：17% ■ 容积率：26% ■前面道路：6 m ■ 停车数：无停车场 ■ 用地面积：13 500 m² ■ 建筑占地面积：2 300 m² ■ 总建筑面积：3 500 m² ■结构：木、金属框架 + 钢筋混凝土墙壁 ■ 层数：地下 1 层、地上 2 层 ■ 耐火性能：EI30 ■ 各层面积：地下 1 层为 570 m²、1 层为 2 315 m²、2 层为 615 m² ■ 基础、桩：混凝土地中梁基础 ■ 高度：最高 9.5 m ■ 业主：瑞士洛桑联邦理工学院 ■ 设计：隈研吾建筑设计事务所、Holzer Kobler Architekturen ■ 施工：Marti Construction SA、Lausanne ■ 施工时间：2014 年 10 月—2016 年 8 月 ■开馆日：2016 年 11 月 ■外围门窗材料：做旧加工木材（松木） ■ 室外地面：混凝土地面镜面加工

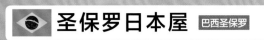

圣保罗日本屋 巴西圣保罗

委托方：日本外务省
设计：巴西户田建设、FGMF、隈研吾建筑设计事务所
施工：巴西户田建设、中岛工务店

传递日本木构架精髓的大门

厚30 mm的桧木板斜向嵌合

宽约36 m的木构架大门是由620块厚30 mm的板材组装而成的。门的整体结构是独立的结构体。为了打造宛如"霞光"的效果，设计时将纵向材料和水平材料斜向错落排列。

照片右边是 2017 年 5 月 6 日在巴西开馆的"圣保罗日本屋"。面对着圣保罗的主要街道"保利斯塔大街",木构架的大门仿佛飘在空中一样。（照片来源：除了特殊标注之外，均由圣保罗日本屋事务所提供）

照片1 日式风格的木造构架
全长约36m，由620块厚30mm的板材组装而成。

照片2 用薄板材料表现出"颗粒感"
如图所示板材斜向嵌合。隈研吾说："这样做虽然对结构来说是不利的，但我执着于表现一个个很薄的材料的颗粒感。"

　　2017年5月6日在圣保罗的主街道保利斯塔大街，圣保罗日本屋正式开始运营。这座建筑由隈研吾建筑设计事务所设计，这是一个宽约36 m，由桧木板材组成的大门（照片1、照片2）。木构架的大门是设置在既有建筑上的，整体却是独立的结构体。

　　"日本屋"是日本外务省计划在海外建设的用于传达日本文化的建筑项目，圣保罗是该项目的第一个建筑。该项目的综合负责人是日本设计中心的原研哉先生。圣保罗日本屋建成之后，以2017年年中开始运营为目标，在英国伦敦、美国洛杉矶也计划建设相同的建筑。隈研吾建筑设计事务所

于2015年夏天，与负责设计、施工的巴西户田建设等组成了合作团队参加投标，获得了圣保罗日本屋的项目。隈研吾先生说："我认为能表达日本传统文化的东西是木材。说起日本木材的话就是桧木了。在项目中我努力让巴西人感受到桧木的质感和香气。"

　　该建筑除了多功能厅和学习室外，还有日本传统工艺品商店、日式点心咖啡店、日料店等。该建筑改造了当地银行大楼的1到3层中的一部分，还有木构架门，以及1层的外土间和小庭院，并在3层设置了露台等。

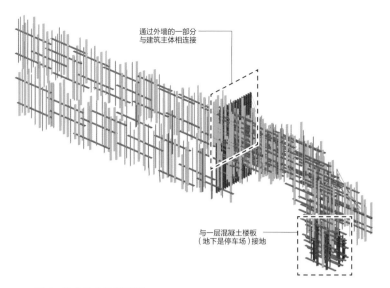

图1 独立的木构架的门

解析模型。兼顾设计和结构的方案，一处与地面接地，2层层高处通过外墙的一部分与建筑主体连接。事务所对整个门的结构做了解析（资料来源：江尻建筑结构设计事务所提供）。

照片3 将板材斜向嵌合

木构架的细部。厚30mm的桧木板斜向嵌合。

620块桧木板材互相交错

木构架大门主要是由620块厚30mm的桧木板材组装起来的，一处与地面接地，2层层高处通过外墙的一部分与建筑主体连接（图1）。

板材的长度为3 600 mm，宽度有两种，分别为165 mm、150 mm。板材最大重叠的部位在既有建筑纵深方向上延伸，纵向材料和水平材料进行斜向嵌合（照片3）。

隈研吾说："我们想在既有建筑前面形成像霞光屏幕一样的效果，因此想要将薄板材组合起来。这种让纤细感和结构性兼备的手法是日式风格的体现。"

虽然面向街道方向将板材斜向嵌合在结构上是不利的，但隈研吾更注重表现"薄薄的材料的颗粒感"。加上从大街上观看的角度不同，也要考虑到进入大门后从里面看的角度，因此隈研吾从外观和结构两个方面对板材的重叠方法进行了探索。负责木构架大门结构设计的江尻宪泰说："与几万平方米建筑一样，我们反复做了大量的研究。"

照片4 结合素材确保强度

与地面连接的木构架底部。江尻先生说："在进行探讨的过程中，想出了由钢、当地供应的库马尔材料、日本的桧木板材形成颜色渐变的创意。"（照片来源：隈研吾建筑设计事务所提供）

照片5　与当地的材料组合

从大街上看到的入口。可以看到中央深处是制作独特的外墙。

照片6　巴西的花式镂空墙

右边是制作独特的外墙，是用超高强度纤维加固混凝土制造的，通过 0.49 m² 的单元端部重叠在旁边的单元之上而形成图案。

使用碳纤维杆抑制变形

反复探讨方案的原因之一是当地的风速很大。日本东京标准风速为 34 m/s，巴西的标准风速为 40 m/s。为了适应当地的风速，接地部分从混凝土楼板上立起钢板，在其上部与巴西硬木龙凤檀（Cumaru）互相嵌合，以提高强度（照片4）。这种巴西硬木是在巴西购买的。江尻说："在研究结构以及探讨施工方法的过程中，我们想出了使用钢材、巴西硬木、日本桧木等材料进行渐变的创意。"在悬臂等部分架设碳纤维杆，抑制了变形，使项目得以实现。

在决定兼顾设计和构造之后，事务所先在日本切割好板材暂时组装进行确认，然后在桧木板上标上编号，再运到巴西。在施工现场，日本的工匠大概花了2周时间组装。隈先生表示："太宰府市的星巴克（2011 年竣工）和 SunnyHills（2013 年竣工）使用的是 60 mm × 60 mm 的板材，这次尝试了厚 30 mm 的板材。下次我想挑战一下用这种材料建造整个建筑。"

采用巴西的花式镂空墙

穿过木构架门的外间的二层墙壁，是采用巴西的镂空墙装饰的（照片5、照片6），其灵感来自于巴西东北部的"克博古"。隈研吾解释说："在我所理解的巴西的粗犷感之上添加日本的细腻感，这也是日本和巴西的技术合作。"所谓"克博古"有些像日本冲绳的镂空花墙，是既可以遮阳又可以通风的镂空砌块墙。我们制作的砌块是由超高强度纤维加固混凝土制成的，一个单元是 700 mm × 700 mm。采用在单元的端部与旁边的单元重叠的图案，让人感觉不到接缝的存在，进而形成"面"的感觉。（谷口理惠）

圣保罗日本屋

■ 所在地：巴西圣保罗市　■ 用途：多功能厅、多媒体空间、商店、咖啡店、餐厅、展厅、研讨室、办公室　■ 前面道路：南面 28 m　■ 停车数：20 辆　■ 主要设计、施工建筑面积：2 244.03 m²（内部 1790.40 m²、外部 453.63 m²）　■ 结构：钢筋混凝土结构　■ 层数：地上 3 层　■ 高度：最大高度约 23.5 m、檐口高约 23.5 m、层高 4.66m（1 层）、3.71 m（2、3 层）、室内高度 4.43 m（1 层）、3.49m（2 层）、3.51 m（3 层）　■主要柱距：10.8 m×8.475 m　■ 所有者：日本外务省　■ 设计者：巴西户田建设（设计、施工）、FGMF（本地设计）、隈研吾建筑设计事务所（设计监修）　■ 设计合作：江尻建筑结构设计事务所（木构架门结构）、Mina Montagens（设备）　■ 监理：巴西户田建设、FGMF　■ 施工：巴西户田建设、中岛工务店（木构架门施工）　■ 施工合作：Mina Montagens（空调）、Mina Montagens（卫生）、小林康生（和纸涂布金属网片制作合作）　■ 运营：圣保罗日本屋事务所　■ 设计时间：2015 年 7 月— 2016 年 6 月　■ 施工时间：2016 年 6 月—2017 年 3 月 31 日　■ 运营日期：2017 年 5 月 6 日

采访 隈研吾

因为没有人做，所以我才致力于木结构建筑

隈研吾先生参与了东京大改造的3个项目，即：日本新国立竞技场、涩谷站再次开发、品川新站。其中新国立竞技场和品川新站的两个项目，也使用了很多木材。隈研吾说："泡沫经济崩溃后的'失去的10年'成了转折点。"

隈研吾（Kuma Kengo）
1954 年出生于日本横滨市。1979 年毕业于日本东京大学研究生学院。1987年成立空间研究所。1990 年成立隈研吾建筑设计事务所。2008 年成立Kuma&AssociatesEurope（巴黎）。2009 年开始担任东京大学教授（照片来源：山田慎二提供）。

如何解读这么多项目都请您参与设计的情况?

我提倡"木的时代"，这与社会需求是一致的。另外，需要有一个能够向世界传播"日本美学"的人。

如果像泡沫经济时期那样，突然把欧美的建筑师请过来，在日本建造建筑，这不会增强日本城市的魅力。经验告诉我们，我们需要的是能将日本文化传播到世界的人。这样的人除了我以外还有好几个人，我觉得欧美人大概会从我的建筑中感受到"日本风格"。

回想过去，在 20 世纪 90 年代，您在东京几乎没有工作呢。

那 10 年间，我在东京没有任何项目。对日本经济来说、对我来说都是"失去的 10 年"。

照片 1　后现代时代的标志
M2（现东京纪念大厅），面向东京环状 8 号线耸立着巨大柱子的建筑。1991 年作为马自达汽车公司的分公司 M2 的总部大楼建设的，现在改造为殡仪馆（照片来源：矶达雄提供）。

照片 2　建造的车站大楼得到 JR 公司的信赖
在 2008 年竣工的 JR 宝库寺车站（栃木县高根泽町）的东西向自由通路。天花板在菱形的交叉部分设置了照明，灵感来自树叶间洒下日光（照片来源：吉田诚提供）。

图1　用木和钢覆盖的品川新车站的共享大厅

品川新站的完成效果图。连接车站和街道铺满玻璃。车站内设置约 1 000 m² 的共享大厅。共享大厅旁边设置了大约 300 m² 的演出活动空间。施工者是大林组、铁建 JV（资料来源：JR 东日本公司提供）。

照片 3　致力于木结构建筑的契机是"广重"

那珂川町马头广重美术馆（2000）的外观。隈研吾与其他研究者一起，实现了用不易燃烧的材料打造的"不可燃的杉木板条"的格栅（照片来源：三岛睿提供）。

"M2"（1991 年）到"ADK 松竹广场"（2002 年），在这段时间里，有着与现在关联的变化吗？

在这期间，我们做了一些地方的小项目，与木匠、瓦匠以及和纸等手艺人相识，让我感觉自己慢慢变得强大了。

到现在为止，正如 M2 项目（照片 1）那样，我想创造出引人注目的建筑，如果建筑不醒目就无法成为受人瞩目的建筑师。但是，即使是普通的形式，我也会尽力去创造特别的东西。

在"社会需要木结构"的氛围下，品川新站（暂定 2020 年运营）就是响应这样的需求出现的（图 1）。

以前，在 JR 的宝库寺站（2008 年，栃木县）使用了木材（照片 2）。整体结构是钢结构的，将钢夹在木材之间组成屋顶构架，但是大部分天花板使用了木材。那个车站颇具名气。因而对于品川新站使用木材这一构思也得到了 JR 公司的认同。

转机是"广重"和"竹屋"

您的木建筑可以追溯到广重美术馆（2000 年，栃木县那珂川町，照片 3）。从那时起，您有预感木结构会开始流行吗？

对我来说，转机是广重美术馆和竹屋（2002 年，照片 4），这两个项目正好是在同一时期设计的。

竹屋是中国的项目。

是的。在我设计的建筑中，最初让我在世界建筑界有些影响力的就是这两个项目。美国有线电视新闻网（CNN）特地派摄制组对广重美术馆进行了报道，竹屋也如此。那时，对于木结构时代到来了，或者被世界认可之类的，我一点也没想过。

照片 4　向全世界传递信息的竹屋

竹屋（2002 年）。多位建筑师参加
设计的别墅酒店之一（照片来源：隈
研吾建筑设计事务所提供）。

某种意义上说我用的是排除法，不想做前辈们做过
的事。比如，因为安藤忠雄先生在做混凝土，我就
不想做混凝土了，矶崎新先生和伊东丰雄先生在做
的也是很好的建筑，所以我要做不一样的。

我觉得在现代建筑里没有人做过木结构。之
前说起木结构建筑，比如吉田五十八、村野藤吾等，
他们都是用木头做的被称为茶室的建筑，没有人用
木头做过现代建筑。因为我在木房里长大，所以很
喜欢木头，从 2000 年开始我想用木头做建筑，这
不就是自己的使命吗？

那时得到了来自世界媒体的关注，您觉得很有价值吧？

是啊，我没想到 CNN 竟然来到了山里。我想
是因为木材这种材料刺激到了人们的内心。

竹屋也是如此，提出竹子这个主题时，中国
方面如何决定，我完全没有把握。那是十几个建筑
师参加的别墅酒店项目之一，当时认为中国很喜欢
奇特形状的建筑，所以担心竹屋的设计会被轻视，
我对此特别没有信心。但是出乎意料，做了问卷调
查后都说这是最有意思的设计。中国也有很多喜欢
这种材料的人，特别是知道很多年轻人都喜欢竹屋
之后，我感觉特别有意义。

备受关注的日本新国立竞技场

您在东京进行的另一个大项目是新国立竞技场（照片5）。在2016年初采访时，人们说您必须亲自回应来自社会的各种各样的批评，现在回顾一下，您与社会到底处于怎样的关系呢？

与其说是批评，不如说是社会希望我使用某种技术、某种材料等的愿望，很多人给我发电子邮件或寄来样品、文件，其数量之多让我感到非常惊讶。

与之前的项目相比，您感到这个项目是否不一样呢？

确实不是一个级别的。在无障碍设计和通用设计方面，我得到了很多建议，单单是了解这些信息就非常费力。

人们热议圣火台的问题（关于奥运会圣火台的位置没有确定，圣火是不是直接用屋顶构架的木材燃烧等的报道）的时候，很多人送来了圣火台的方案，数量多得差不多能办一个展览会了。

关于圣火台，我们确实感到人们对它的关心达到令人吃惊的程度。您觉得对社会各界进行的说明足够充分吗？

幸好日本的电视台给了我说明的机会，比如"萨瓦克的早上"（周六早上的谈话节目），或者是热点访谈之类的节目，我可以亲自说明。反响非常好，我也认识到亲自说明这件事是非常重要的。

如果发生了什么事，不是用文件来回答，而是亲自说明我的想法、表明我的个人意见，我感觉非常有必要。

圣火最终采用何种形式，还没有决定吗？（2017年本书采访为止）

是啊。计划在奥运会开幕式之前的一年半左右确定开幕式导演，与他们商量之后再确定圣火形式。开幕式之前的一年半左右将会是一个关键的时间点。（提问者：宫泽洋）

照片5 备受瞩目的日本新国立竞技场
屋顶的框架预计是木造和钢梁相结合的混合构造。屋顶的一部分会采用透明素材（照片来源：《日经建筑》杂志提供）。

第3章

领先于日本的高层木结构建筑

主结构采用木结构的高层建筑已经在欧美国家中取得进展。例如加拿大的温哥华已经建成主结构采用大量木材的18层高层建筑，还有不列颠哥伦比亚大学宿舍楼。木结构建筑高层化取得进展的最大理由是低成本和工期短，从而提高了收益。英国伦敦，300 m以上的超高层木造建筑的设想也在探讨中。

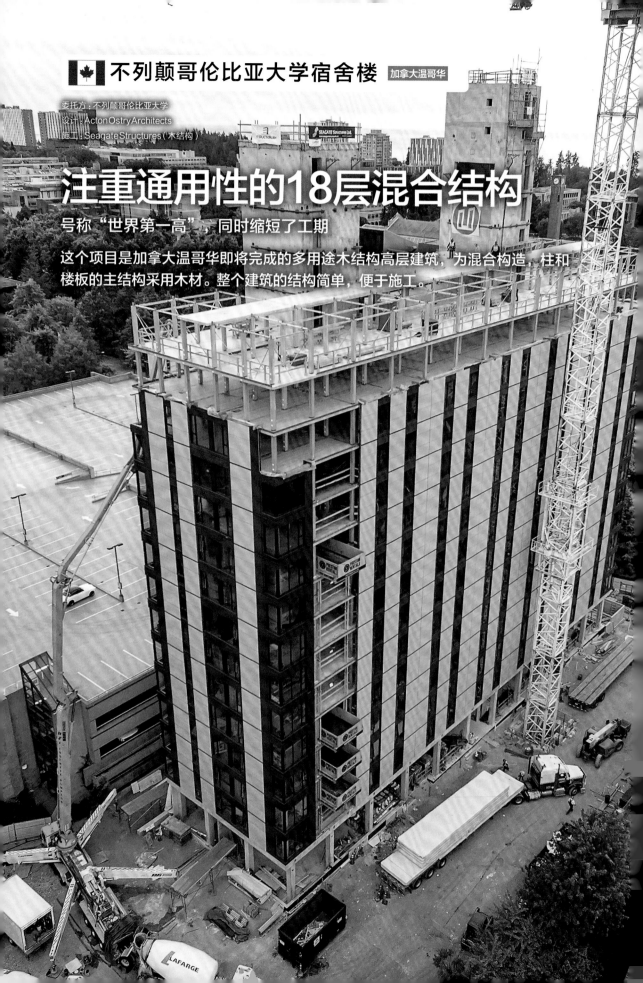

🇨🇦 不列颠哥伦比亚大学宿舍楼 加拿大温哥华

委托方：不列颠哥伦比亚大学
设计：ActonOstryArchitects
施工：SeagateStructures（木结构）

注重通用性的18层混合结构

号称"世界第一高"，同时缩短了工期

这个项目是加拿大温哥华即将完成的多用途木结构高层建筑，为混合构造，柱和楼板的主结构采用木材。整个建筑的结构简单，便于施工。

结构材料以木材为主的 18 层高层建筑——不列颠哥伦比亚大学宿舍楼的施工即将结束（照片 1）。主结构采用木材，建筑高度达到 58.5 m，堪称世界一流水准。预计 2017 年 6 月起使用。建筑面积为 15 115 m²，可供约 400 名学生使用。

加拿大自然资源部在 2013 年实施竞标。该竞标的前提条件是在高层建筑上使用被称为"型材"的大型木材。其目的是拓展北美的森林资源市场，以及实现减少二氧化碳排放的环保目标。

担任建筑设计的是 Acton Ostry Architects，担任结构设计的是 Fast + Epp。这两家公司都在温哥华设有设计事务所。同时，由在欧洲高层木结构建筑设计领域有着丰富经验的 Architekten Hermann Kaufmann ZT GmbH 公司负责项目的顾问工作。

该项目得到了国家支援，因此施工方案也要求具有通用性，便于推广。

考虑收缩，设置楼板

木材作为建材的使用效果很好。但是作为高层建筑的建材，根据当地法规必须达到防火性的要求。不列颠哥伦比亚大学宿舍楼的所在地是不列颠哥伦比亚省，在这里建造 7 层以上的纯木结构建筑非常困难。因此该项目采用容易施工的混合构造。

地基、1 层的柱子、楼梯间，这几个主要承重部分都是钢筋混凝土（RC）结构（照片 2）。主要承重部分不仅要确保防火，还要能够承受地震或强风。

另外，2 至 17 层的柱子使用北美黄衫做成的型材，楼板用 5 层正交层叠轧板（CLT）（照片 3、照片 4）。CLT 是由云杉、松木、冷杉做成的 SPF 材料加工而成。702.25 m² 的柱子被安放在 2.85 m×4 m 的网格四角，再在上面安放 CLT 做成的楼板，构造非常简单（照片 5、照片 6）。这种搭建方式使得同类型建筑物的设计施工变得非常容易。

当地法规要求柱子等部位需具有 2 小时耐火性能，可以铺设石膏板来达到耐火标准（照片 7）。于是，铺设了 3 层厚 16mm 的石膏板（图 1）。因此，虽然建筑物用了很多木材，但室内并没有木屋的质感。"利用木材可以获得木屋的质感，但必须能通过防火性能测试。此次项目没有那么多的时间。"Acton Ostry Architects 公司的设计师对没有木质感做出了这样的解释。

照片 1 木结构的高层建筑
即将结束施工的不列颠哥伦比亚大学宿舍楼的样子。从东侧可以清楚看到柱和楼板主要采用木材（拍摄于 2016 年 8 月，照片来源：KK Law，naturally：wood 提供）

照片2　首先是钢筋混凝土结构的核心部分的施工
建设木造楼体部分前，钢筋混凝土结构核心部分的施工现场。
钢筋混凝土结构不仅可以作为火灾时的避难通道，还能承受
大风或地震（拍摄于2016年4月，照片来源：Acton Ostry
Architects & University of British Columbia 提供）。

照片3　型材的柱子手工施工
2至17层的柱子和楼板是用木材施工建造的。而型材立柱质量轻，
可以手工施工（拍摄于2016年7月，照片来源：连同照片4均由
Pollux Chung、Seagate Structures 提供）。

　　柱子与柱子的连接采用钢制的连接件（照片
8）。这个连接件可以传递立柱间的纵向荷载，并
且起到支撑CLT楼板的作用。
　　由于使用了很多木材，必须考虑木材的收缩。
例如，施工时楼板的高度要比设计高度高若干毫米，

这样可以减轻长期使用后木材收缩带来的影响。具
体的对策是在接合处的金属构件上加装厚1.5 mm
的垫板。有的楼层最多加了4块1.5 mm厚垫板，
用来调节楼板的高度。

照片4　楼板用CLT材料铺设
网格状的梁柱上铺设CLT板的施工现场。建筑物的建设材料
只需调配施工当日的用量即可（拍摄于2016年7月）。

照片5　排列规整的柱子
选用简单实用的结构形式，不仅便于施工，还有利于体现建筑设计
的意图（拍摄于2016年8月，照片来源：KK Law、naturally:
wood 提供）。

照片6 石膏板铺设前的木质空间
防火处理施工前的建筑物充满了木材的质感（拍摄于2016年8月，照片来源：Steven Errico、naturally : wood 提供）。

照片7 耐火处理施工后没有了木材的质感
柱子等木质建材上铺设了石膏板耐火材料。楼板的CLT材上铺了一层厚4mm的水泥，起到隔声作用（照片来源：伊藤美露提供）。

混合结构与钢筋混凝土结构的差别很小

混合结构有利于降低成本。不列颠哥伦比亚大学管理项目的基础设施开发部门的业务经理John Metras总结道："全木结构反而会增加成本。从实用角度考虑，主要承重部分采用混凝土是恰当的选择。"

包含设计费在内，总建设费用约为5 150万加元。相比该大学内同样规模的全部采用混凝土施工的建筑物，费用高出8%。但由于这是第一个土木混合结构，支出了一定的顾问费用。预计今后同类型的项目可以节省顾问费用，尽可能使用木材的混合结构和单纯的钢筋混凝土结构相比，在价格上还是有竞争力的。

相比成本优势，更具吸引力的是能够缩短工期。此项目的施工和同等规模的钢筋混凝土结构相比，工期缩短了4个月，约占总工期的20%。

工期缩短的主要原因是提高了效率。不列颠

图1 石膏板铺设了3层
立柱的连接部位和用石膏板做防火处理的示意图（资料来源：由 Acton Ostry Architects 提供）。

照片8 组装立柱时的连接件
立柱之间通过金属连接件连接。这个连接件不仅传递垂直方向的荷载，并对CLT板起到支撑作用（照片来源：Structurlam Products 提供）。

哥伦比亚大学宿舍楼的施工采用单位模块施工的方式。施工分解成可重复的简单操作。

工期缩短的另一个原因是材料管理部门应用了信息通信技术（ICT）。安装位置信息存入IC芯片，埋入预制件的木材模块当中，提高了施工现场的效率。同时，现场只存放当天施工所需材料，尽量减少占用施工场地。

内部装修没有体现出来的木质感，在外观上尽量体现。一个方法是外墙的装饰板（照片9），

使用的是木纤维高压层板。另外，在钢结构的顶层采用了木质化的内装修。1层则采用了木质吊顶。预计采用交错层压木材制作吊顶。

预测耐用年限在 100 年以上

从结构材料开始计算，整个不列颠哥伦比亚大学宿舍楼，合计使用木材 2 233 m³。通过使用木材可减少二氧化碳排放量 2 432 000 t。在加拿大

照片9 外观上尽力体现木材的质感

外装面板的表面是木纤维高压层板。在外观上强调木材的质感（2017年7月摄影，照片来源：Acton Ostry Architects & University of British Columbia 提供）。

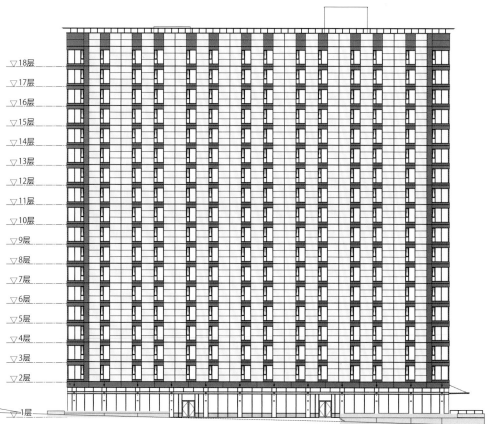

立面图

相当于 511 辆汽车一年的排放量。

　　不列颠哥伦比亚大学宿舍楼的使用年限预测至少有 100 年。这期间木材内的碳元素会一直固定在建筑物里。此外，和钢筋混凝土结构相比，木结构的隔热性能可以节省空调能耗，这些都是该大学期待的结果。

　　Metras 经理满怀信心地说："这是简单合理的设计。为了更有效地开发温哥华，同类型的项目会得到推广。木材有着广泛的应用前景。"（伊东美露、Andreas Boettcher= 媒体艺术联盟）。

不列颠哥伦比亚大学宿舍楼第 1 期

■所在地：加拿大温哥华不列颠哥伦比亚省 ■用途：集体住宅（包含个人、公用自习空间） ■容积率：550% ■基地面积：2 730 m²　■建筑占地面积：840 m²　■总建筑面积：15 115 m²　■结构：钢筋混凝土结构（一层、楼梯间），木结构，钢结构（顶层） ■层数：18 层 ■高度：最高高度58.53 m ■所有者：不列颠哥伦比亚大学 ■设计：Acton Ostry Architects（建 筑）、Fast+Epp（结 构）、Architekten Hermann Kaufmann ZT（木结构高层建筑顾问）、GHL Consultants（火灾科学、建筑标准）、RDH Building Science（建筑科学）、Stantec（机械、电气、可持续发展）、CADmakers（虚拟设计建模）、EnerSys Analytics（能源建模）、RWDI（音响）、Geo acific Consultants（地质调查） ■项目监督：UBC roperties Trust ■施工监督：Urban One Builders ■施工：Seagate Structures（木结构组装）、Whitewater Concrete(模板)、Centura Building Systems(预制外装板)、Structurlam roducts（构造用木材和工程用木材）、Raven Roofing（屋顶）、Phoenix Glass（窗户和幕墙）、Trotter and Morten Building Technologies（机械）、Protec Installations Group（电气）、Power Drywall（钢连接件和石膏板）、JSV Architectural Veneeringand Millwork（木工材料）、Hapa Collaborative（景观）、KampsEnginnering（土木） ■设计时间：2015 年 1 月—2015 年 9 月 ■施工时间（第 1 期）：2015 年 11 月—2017 年 5 月 ■总户数：305 户（单人间 272户、4 人间 3 户） ■总费用：5 150 万加元

标准层平面图

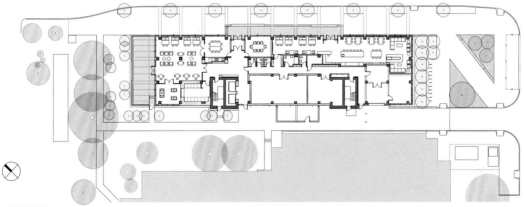

1 层平面图

施工收尾阶段的现场（拍摄于 2016 年 12 月，
照片来源：伊藤美露提供）。

型材的实用性

不列颠哥伦比亚大学宿舍楼建设项目的主管、不列颠哥伦比亚大学基础设施开发部门的 John Metras 先生向我们介绍了该项目的建设经过和意义。

不列颠哥伦比亚大学宿舍楼积极采用木造的背景是什么？

不列颠哥伦比亚大学宿舍楼项目是加拿大政府的竞标项目。这次竞标的前提条件是打造木造建筑物，目的是在高层建筑上应用以交错层压木材为代表的大规模木制"型材"。

同时，探索出来的方法在其他建筑物上推广应用。因此，不列颠哥伦比亚大学宿舍楼采用了适于在各种地域施工的简洁设计。

木造高层建筑在成本上有优势吗？

该项目不仅在设计上，在成本上也力求具有优势。木制型材的实用性得到证实，是该项目的意义所在。

加拿大自然资源部（NRC）已经达成了共识，项目里取得的成果会公开数据，为对该项目感兴趣的第三方提供各种信息。

设计上做若干调整后，成本会更低

这次项目的总费用是 5 150 万加元，其中有 412 万加元是顾问费。顾问费用包含构造计算、模拟、连接件等的测试、各种调查、许可的申请手续费用。资金由 NRC、省政府、美国和加拿大的两国间针叶树木制材料协议会（BSLC）提供。今后的项目在这方面的费用应该可以节省下来。另外，不列颠哥伦比亚大学宿舍楼为了达到耐火标准，超标准使用了多层石膏板，费用增至 150 万加元。这些部分如果优化设计，成本完全可能低于钢筋混凝土建筑。

工期缩短半年

在工期方面有何优势？

不列颠哥伦比亚大学宿舍楼项目利用计算机做了各种模拟，以找到可以缩短工期的最佳设计和木制型材的组装方法。

缩短工期对防止木材返潮也很重要。因此，施工人员计划在夏季干燥季节完成构造的组装。18 层木造建筑的组装时间设定为 16 周。

实际施工开始后，进展超出预期。木造部分的组装 9.5 周就完成了。按照这个速度，与相同规模的钢筋混凝土建筑相比，工期可以缩短 4 ~ 6 个月。通过施工作业简单化来缩短工期，可以节约经费。

地球科学馆

■ 所在地：加拿大不列颠哥伦比亚省　■ 基地面积：10 017 m²　■ 总建筑面积：15 328 m²　■ 结构：研究楼（钢筋混凝土结构）、教学办公楼（木结构、2 至 5 层的楼板为混合结构）、中庭（柱、梁、屋顶是木结构、地面是钢筋混凝土结构）　■ 所有者：不列颠哥伦比亚大学　■ 设计：Perkins+Will Canada（建筑）、Equilibrium Consulting（构造）　■ 监理：Bird Construction　■ 施工：Adera（木结构组装）　■ 施工时间：2010 年 7 月—2012 年 8 月　■ 总费用：7 470 万加元（其中施工费 5 895 万加元）

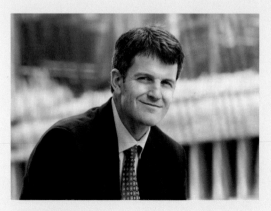

John Metras
不列颠哥伦比亚大学基础设施开发部门的业务经理。1965 年生于加拿大。

北美利用CLT建造的最大规模建筑物

在不列颠哥伦比亚大学，大量采用木材建造的建筑物还有 2012 年完成的地球科学馆。该科学馆有 5 层楼，总建筑面积 15238 m²。馆内进行和矿物资源相关的实验研究（照片 1）。教学办公楼、研究楼通过中庭相连。

其中，中庭和教室办公楼的主要构造部分使用了大型木质型材。屋顶是交错层压木材的贴板，立柱和梁是 CLT，整栋建筑用了大约 1300 m³。当前这个使用量在北美是最大的。负责人介绍道："寻找有木质型材施工经验的建筑公司是最大的困难。"

此外，在 2 至 5 层采用了由木质型材、水泥、钢连接件组成的钢缆链（LSL）系统。

这个地球科学馆的最大特征是贯穿 1 至 5 楼的悬浮楼梯（照片 2）。由钢构件和集成材组成的高刚性结构的楼梯，2 层以上部分的质量最终都传递到 2 层的桁架结构上。

为了防火，木质材料都进行了阻燃处理。按照不列颠哥伦比亚省的标准，1 至 6 层的木结构部分都安装了专用的自动喷淋灭火系统。

施工费加上项目管理等费用，项目的总预算是 7500 万加元，实际支出为 7470 万加元。

校方估计，如果和全部用钢筋混凝土建造相比，建设成本大约多出 1%。另外，研究楼的建设，考虑到机械仪器的质量、实验时的振动因素选择了钢筋混凝土结构形式。

建筑物整体的环境指标评价 LEED 值，达到了黄金级认证（LEED：全称 Leadership in Energy and Environmental Design，是一个评价绿色建筑的工具，由美国绿色建筑协会建立，并于 2003 年开始推行，在美国部分州和其他一些国家已被列为法定强制标准）。因为大量采用木质材料，隔热性好，节省了能源消耗。这座建筑的 1 小时能源使用量（EUI）测试结果为每平方米 323 kW，接近预期的 314 kW。

照片 1　大量采用 CLT 的木质建筑

地球科学馆的外观。进行研究的部分是钢筋混凝土构造，其余部分大量采用 CLT。照片的正面是研究楼。（本页照片来源：伊藤美露提供）

照片 2　让人印象深刻的木质楼梯

1 到 5 层的"悬浮楼梯"。由钢构件和集成材构成的高刚性结构建成。照片左侧是研究楼、右侧是教学办公楼。

在高度之战中欧美处于领先状态

在欧美国家中，广泛使用木材的建筑物越来越多。木造高层建筑得到发展的主要原因，是成本和工期方面的优势。由于法规制度上的不同，日本虽然落后于欧美国家，但也已经能看到木造建筑高层化的征兆（浅野祐一）。

近年来，以木材为主要的结构材料的 7 层以上的高层建筑正在欧美国家不断地竣工中。积极采用木结构的建筑物，在高度上的竞争越来越激烈。

以高度为 58 m 的不列颠哥伦比亚大学宿舍楼为起点，2016 年 10 月奥地利高 84 m 的 24 层的木造大楼 HoHo Vienna 开工了。除此之外，不仅瑞典公布了使用木材和钢材的混合材料建造的 34 层集合住宅的计划，英国剑桥大学 Michael Ramage 博士也发表了关于 80 层木造超高层大楼的构想。

木造建筑强调的是减轻环境负荷。使用轻的木材不仅能够减少搬运量和施工时产生的二氧化碳，还能使二氧化碳固定在建筑物中。

在欧美国家中要求控制二氧化碳的排放量，在日本也是如此。在欧美国家推进木造建筑是为了振兴林业。在加拿大或奥地利等木材出口大国中，林业是重要产业。不列颠哥伦比亚大学宿舍楼是为了振兴林业而建立的容易复制的标杆式高层木结构项目。当地政府也为此提供了助力。

但是，仅以减少二氧化碳排放量或林业振兴为目的而建造木造高层大厦的民营企业是几乎不存在的。对他们来说，收益更加重要。

每平方米的预算约为 27 万日元

高层木造建筑增多的主要原因是，从成本方面来说木材占据优势。

以欧美的高层木造建筑成本与总面积为基础，《日经建筑》杂志经过推算的结果是每平方米的预算约为 27 万日元（图 1）。由于 CLT 等型材的成本正在下降，在欧美也有仅以该预算几分之一的价格建造的例子。欧美的木造大厦建设成本接近钢筋混凝土结构。

实际上，许多推进欧美高层木造项目的企业家与设计者皆指出高层木造大厦的建设成本与钢筋混凝土结构的成本差异已经能控制在 5% ~ 10%。今后随着成功案例的增加可以减少设计时间，进一步降低成本。

克服时间限制是欧美的高层大厦选择木结构的主要因素。常用 CLT 的建筑，减少了混凝土施工时必要的配筋和保养，可以缩短工期，降低施工成本。

此外，木结构施工不容易受到季节的限制。建筑研究所的槌本敬大首席研究员进行如下说明：

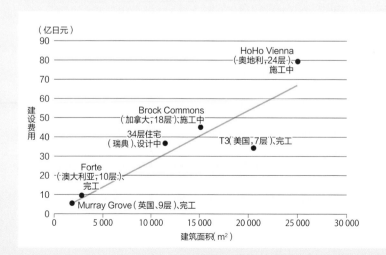

图 1 高层木造的建设费用每平方米的预算约为 27 万日元

《日经建筑》杂志采访得到的建设费用（一部分含设计费）和总建筑面积的关系，接近于一条从原点开始的线性曲线。直线倾斜度所代表的高层木造（含混合结构）建设成本约为每平方米 27 万日元。

"在北欧冬季非常寒冷，混凝土施工非常困难。"遇到这样的区域，木结构更便于施工。

日本也有了木造建筑高层化的征兆

施工简单正是欧美高层大厦木造化的一个因素。例如，如果是被模块化的 CLT，运到施工现场用五金连接即可。即使是不熟练的工人也可以高效完成连接工作。

对木结构的实现具有重大影响的是火灾对应标准的放宽，随之也推动高层木造大厦的普及。日本 CLT 协会业务推进部的中岛洋部长说："到 1990 年左右，在欧洲各国用木结构建起来的基本上是 2 层建筑。现在，很多国家都实现了高层木造建筑。"到 2020 年欧洲整体都将放宽对木造建筑楼高的限制（图 2）。

在地震多发的日本，放宽高抗震性能和火灾时自动灭火性能的要求是很困难的。即使如此，高层木结构技术也在稳定地发展中。

擅长木结构建筑的东京都市大学的大桥好光教授有以下见解："如果是要求 1 小时耐火的 4 层建筑，木结构框架墙已经具有竞争力了。在对 4 层建筑有较高需求的地方，木造建筑市场定会扩大。"

进一步说，高层木造建筑在技术层面也具有了实现的可能。关于耐火性能，大林组已经开发出将 2 小时耐火的技术用于 14 层建筑的高层木结构的方法。除此之外，如果运用现有技术，也有能够达到 2 小时耐火性能的技术。只是成本较高。如果技术开发有所进展的话，就有可能增加采用木造建筑的机会。

在这种情况下，出现了很多挑战用木材为结构材料来建设高层大厦的设计公司，如三菱地所设计。该企业一边将钢筋混凝土结构作为基本结构，一边采用 CLT 为结构楼板建设 10 层的集合住宅的设计，使其于 2017 年 1 月成为日本林业厅的扶助企业。为了实现设计，用实验确认防震性能和混合结构的结构性能。计划于 2019 年 3 月完成。

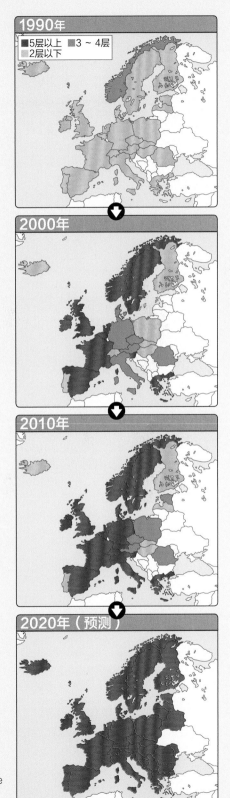

图 2　到 2020 年欧洲整体都将放宽对木造建筑楼高的限制

2020 年欧洲对木造结构建筑物的层数限制图示。限制逐年放宽。（数据由 Fire safety in timber buildings. Technical guideline for Europa 提供）。

外部是金属的，内部是木质

T3：美国明尼阿波利斯市

7 层建筑，为面积约 20 440 m² 的办公楼。于 2016 年 9 月竣工。1 层的部分是以钢筋混凝土构造，加上集成材和钉子积压成的木材"NLT"建设而成。因为 NLT 是可以在传统木结构的构件工厂制造的，所以也可用它代替 CLT。楼板等使用的 NLT，使用的是受到虫害的木材。外装是耐久性钢材。比起用钢结构和钢筋混凝土结构，可以缩短工期。成本是 3 050 万美元。

■委托方：Hines
■设计：Michael Green Architecture、DLR Group（照片来源：两张均由 Ema Peter 提供）

完成时是"世界第一高"的木结构

不列颠哥伦比亚大学宿舍楼：加拿大温哥华

2017 年 5 月完成的 18 层的学生宿舍建筑，最大高度为 58.5 m，建筑面积为 15 115 m²。1 层的柱子和两个核心部分用了钢筋混凝土结构，2 层以上的柱子用集成材，地板用 CLT。内装用石膏板等确保耐火性能。以木结构为主要结构的大楼，完成时是当时世界第一高的木结构建筑。建筑物的建设投入费用为 5 150 万加元，比普通的钢筋混凝土造大楼贵 8%。

■委托方：不列颠哥伦比亚大学
■设计：Acton Ostry Architects
（照片来源：伊藤美露、Pollux Chung、Seagate Structures 提供）

南半球也诞生了CLT大厦

Forte：澳大利亚墨尔本

这是澳大利亚第一个木造的高层大楼。1 层以钢筋混凝土结构，1 楼以上的楼层是用 CLT 建设。它是高度为 32 m、面积约 2 800 m² 的 10 层的集合住宅，共有 23 户。于 2012 年末竣工。施工大约花了 10 个月。高层住宅的建设成本为 1100 万澳元。与钢筋混凝土构造相比，二氧化碳的排放量减少了 1 400 t 以上。

■委托方：Lend Lease Apartments
■设计：Lend Lease Design
（照片来源：两张均为 Lend Lease 提供）

用超级木结构桁架建设的超高层建筑
Oakwood Timber Tower计划：英国伦敦

由剑桥大学的 Michael Ramage 博士主导，于 2016 年 4 月向伦敦市提案建造 80 层木造建筑。该建筑高达 300 m。建设地点计划在伦敦市中心的 Barbican Estate 地区。预计建成以约 750 户住宅为中心的综合建筑物。采用扶壁，用超级桁架结构构筑建筑物的躯干部分。

Barbican 住宅区的庭院中央耸立的高层建筑。中层建筑计划在庭院四周的住宅楼上增建（资料来源：PLP Architecture 提供）。

四角建 225 m² 高低不一的支撑塔，中央放置 400 m² 的超高层塔楼。支撑塔的立柱用集成材，中央塔楼的扶壁用 CLT。

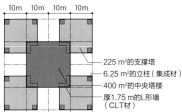

- 225 m²的支撑塔
- 6.25 m²的立柱（集成材）
- 400 m²的中央塔楼
- 厚1.75 m的L形墙（CLT材）

平面模式图（资料来源：Smith and Wallwork 提供）

从伦敦圣保罗大教堂看向 Oakwood Timber Tower 的效果图（资料来源：PLP Architecture 提供）
■提案（设计）：剑桥大学、PLP Architecture、Smith and Wallwork

高层木结构的先锋
Murray Grove：英国伦敦

这是世界第一栋大量采用木材建造的 9 层高层建筑物。由 Waugh Thistleton Architects 公司设计。29 户的住宅楼，总建筑面积 1815 m²。1 层是钢筋混凝土结构，1 层之上是 CLT 的木结构。2008 年建成，是使用 CLT 材建成的高层木造建筑物的先驱之作。CLT 材的墙壁和房顶都铺设了石膏板，确保防火性能。建设费用为 386 万英镑。

■ 委 托 方：Metropolitan Housing Trust、Telford Homes
■设计：Waugh Thistleton Architects（照片来源：两张均由 Will Pryce 提供）

住宅和商业复合的10层建筑
Dalston Lane：英国伦敦

2017 年完工，采用 CLT 材建设的住宅和商业设施混合的 10 层综合建筑。121 户住宅部分的总建筑面积约 12 500 m²。这个建筑物也是 1 层为钢筋混凝土结构，1 层之上用 CLT 材建造。预算没有公布。参与设计的 Waugh Thistleton Architects 公司的 Andrew Waugh 设计师认为，使用木材与使用混凝土成本差不多，但工期可以缩短一半。

■委托方：Regal Homes
■设计：Waugh Thistleton Architects Andrew Waugh、Dave Lomax、Kieran Walker、Harry Hill（照片来源：两张均由 Daniel Shearling 提供）

▬ 24层建筑物
HoHo Vienna：奥地利维也纳

这是综合饭店、写字楼、住宅的24层建筑物。高达84 m。2016年10月动工，2018年建成。施工由Handler Group负责。总建筑面积约25 000 m²。核心承重是钢筋混凝土的混合木结构。建设费用预计6 500万欧元，比一般的钢筋混凝土建筑贵5%。内装没有铺设石膏板，展现木材质感。结构材料通过了高温耐火测试。

■委托方：cetusBaudevelopment
■设计：Rüdiger Lainer+Partner
（资料来源：三张均由
Rüdiger Lainer+Partner 提供）

HoHo Vienna 的写字楼楼层平面图

✚ 不用金属构件的椭圆形接合部
Tamedia办公大楼：瑞士苏黎世

由坂茂设计，2013年建成的地下2层、地上7层，部分为钢筋混凝土结构的木结构办公楼。这是含有跃层的7层木结构建筑。原有的两栋老楼，1栋拆除、1栋加盖两层，构成现在的建筑。采用相对成本较低的云杉作为合成材，椭圆形接合部不采用金属构件，直接连接。建筑物外部采用玻璃幕墙和玻璃卷帘门。建材有1小时耐高温性能。

■委托方：Tamedia
■设计：坂茂建筑设计事务所（资料来源：两张均由武藤圣一提供）

➕ 混合型材建造的超高层住宅
34层住宅楼的设计构想：瑞典斯德哥尔摩

这是积极采用木材的34层住宅楼的设计构想。总建筑面积达11 450 m²。该项目是瑞典最大的住宅供应商HSB Stockholm公司作为2023年公司100周年纪念的开发项目。计划2019年完工。建设费用预计约3 000万欧元。C.F.Møller公司在设计招标中胜出。核心部分采用钢筋混凝土结构。另外，楼板采用CLT材，立柱采用四方材夹十字钢的混合材料。

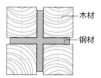

木材
钢材

立柱截面图
■委托方：HSB Stockholm
■开发商：Slättö Förvaltning
■设计：C.F.Møller、Dinell Johansson
（资料来源：两张均由 C.F.Møller 提供）

公共住宅也开始采用木结构
Cenni di Cambiament: 意大利米兰

平面为 13.6 m×19.1 m，高约 27 m 的 4 栋 9 层高的楼房和旁边的低层楼仿佛连在一起。该项目是约 120 户的公共住宅。2012 年开始建设，2013年完工。楼板和墙壁采用 CLT 材。阳台部分是楼板的 CLT 材以悬臂梁方式延伸出来构成。楼板采用的是厚 20 ~ 23 cm 的 CLT 材。两块 CLT 材之间用两块面板连接，用螺栓固定。地下部分和 1 层的一部分是钢筋混凝土结构。由意大利 Rossi Prodi Associati 公司设计。

■委托方：Polaris Investment Italia SGR ■设计：Rossi Prodi Associati

意大利米兰建成的木结构公共住宅。每栋 9层，地下和 1 层的一部分是钢筋混凝土结构（照片来源：左面照片由 Arcangelo Del Piai提供，右面两张照片由Pietro Savorelli 提供）。

用木构架挑战14层楼
Treet：挪威卑尔根

这是 2015 年末建成的总建筑面积 5 830 m² 的 14 层住宅楼。最初用木制箱型模块建了 4 层楼，然后在外侧用集成材的柱梁搭建承受水平和垂直方向力的框架，在框架之上铺设水泥楼板。在这上面再继续用箱型模块构筑。这样承重框架和箱型模块的交替使用，最终建成整体建筑。柱梁的接合部内侧采用金属连接，增强防火性能。按设计，柱梁能耐火 90 分钟。

■委托方：BOB ■设计：Artec

利用框架结构建成的 14 层木造住宅楼。位于挪威卑尔根，于 2015年末建成（照片来源：BOB 提供）。

🇬🇧 Oakwood Timber Tower计划　英国伦敦

设计：PLP Architecture

超过300 m的木结构高楼是这样建成的!
设计和结构的工作人员介绍80层的超高层木结构建筑建设详情

欧美等地不断地有木结构高层建筑竣工。其中，因为高度而引起世界瞩目的是"Oakwood Timber Tower"。这是英国伦敦的综合建筑物，预计建成后有80层，高315 m（图1）。

参加设计的PLP Architecture 公司的合伙人凯文·弗拉纳甘、结构设计公司Smith and Wallwork Engineers 的共同创始人西蒙·史密斯向我们介绍了如何实现这个项目。

凯文·弗拉纳甘（以下简称F）：我们的项目组对照伦敦第一高建筑"The Shard（高306 m）"（译者注：即碎片大厦），正在验证能否用木材建成超过306 m的超高层建筑。

图1　超越"The Shard"

2016 年4 月，剑桥大学自然资源开发研究所的米歇尔博士向伦敦市提案的"Oakwood Timber Tower"的完成设想图。高315 m的高层建筑和在现存建筑上增建的4 栋低层建筑（资料来源：PLP Architecture 提供）。

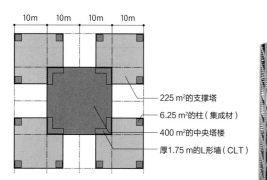

- 225 m² 的支撑塔
- 6.25 m² 的柱（集成材）
- 400 m² 的中央塔楼
- 厚1.75 m 的L形墙（CLT）

平面模拟图（资料来源：Smith and Wallwork 提供）

图2　一组模块分割成四部分

低层部分的桁架结构效果图。10 层高的建筑由四组长40 m 的模块构成（资料来源：Smith and Wallwork Engineers 提供）。

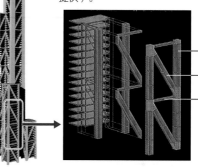

- 6.25 m² 的柱（集成材）
- 横跨10 层楼的3.0626 m² 的斜梁（集成材）
- 每10 层一根1 m² 的横梁（集成材）

同时可以拓宽工程上使用木材的领域，为解决住宅不足提供解决方案。

这个项目建在位于伦敦中心的 Barbican Estate 地区。准备在现有住宅增高改建的低层楼围成的中庭部位新建高层塔楼。

设想是低层楼 300 户、高层楼 700 户。总建筑面积大约 93 000 m²，工程木材的使用量预计达到 65 000 m³。

采用扶壁构造的超级桁架

西蒙·史密斯（以下简称 S）：基本构造的方案是在 400 m² 的高层楼的四角，用 225 m² 的中层楼作为支撑。高层楼的主墙用厚 1.75 m 的 CLT 形成"L"状，低层楼起到扶壁的作用。建筑物的整个外围是 1 600 m²。

F：设计方面，着重在城市中体现树木的顽强生命力。这个耸立的细长形状将形成伦敦的"尖顶"（成为街区象征的纪念塔）。同时高层楼四角的低层楼围成的楼群，各层的平面形状各不相同，就像枝叶伸展生长。

S：低层的集合体由桁架结构构筑而成。6.25 m² 的立柱与 1 m² 的横梁构成水平向的框架，中间用横跨 10 层楼的 3.0626 m² 的斜梁加固（图 2）。框架结构用集成材，楼板用 CLT 材。

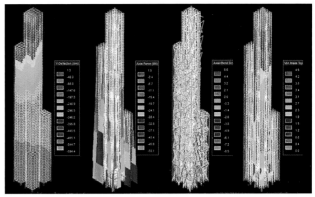

图 3　验证抗风性能

风压的验证模型。最左侧是风压下的横向摇晃模拟，中间的两张图是低层部分在自重和风压下集成材所承受的垂直方向的力（中左图）和水平方向的力（中右图）的模拟，最右侧是高层楼层的 L 形墙（CLT 材）的承重模拟（资料来源：Smith and Wallwork Engineers 提供）。

结构计算最难的部分是斜梁的接合部。原计划用螺栓来固定，由于接合部的结构复杂，最终采用钢结构件来连接固定。抗风性也做了验证（图 3）。

F：为了在建筑物的外装上也体现木结构的特点，主要从以下三个方面着手。

首先是构造体外侧用木板覆盖。用乙酰处理过的木材"Accoya（固雅木、改性木材）"做外侧的隔热材料。其次是把 CLT 材部分直接作为外装显露出来。最后是用玻璃覆盖整个结构。

第2期是高130 m的33层楼

"Oakwood Timber Tower"的 2 期超高层木造建筑在荷兰已经展开。是由同一个设计公司设计的住宅塔楼。委托方是荷兰当地的开发商 PROVAST。他们因为对"Oakwood Timber Tower"的设计理念感兴趣，主动提出合作。

项目名称是"Oakwood Timber Tower2 'The Lodge'"。该项目是高 130 m 的 33 层楼（图 4），有 220 户住宅，楼顶有餐厅。总建筑面积达 26 000 m²。建筑占地为 24 m × 45 m 的椭圆形。

主结构为 CLT 材的桁架。铺设的是建伦敦的塔楼时就考虑使用的木制装饰板，外装是玻璃墙。楼板采用 CLT 材。工程木材的总使用量预计达到大约 11 400 m³。技术问题基本已经解决。成本等细节还在做最后的调整。

图 4　参天大树一样的流线型高层木结构建筑

结构是从亚洲的编织工艺得到灵感。如图，树木一样的流线型外形（资料来源：PLP Architecture 提供）。

第4章

令人期待的新建材——竹子

竹子作为建材已引起人们的关注。竹子的优点是生长快、价格便宜、韧性好、强度大，给人以温和的感觉。活动、救灾等用的简易建筑，如果能够使用竹子可以降低成本。竹子在东南亚已经用于永久建筑上。《日经建筑》杂志采访了泰国和越南的"竹建筑"情况。

▬ 竹子校舍 泰国清莱

委托方：PhucKhangCorporation
设计：SupermachineStudio
施工：NAWARATPATANAKARN

在细节上下功夫，摆脱临时建筑的印象

以强度大、工期短为武器

在东南亚引人注目的木建筑是竹子建筑。竹子的优点是成长快、价格便宜、韧性好、强度大，给人以温和的感觉。《日经建筑》杂志对使用竹子建成的新颖建筑进行了取材。

照片 1　用泰国当地产的竹子建成的学校

"竹子校舍"外观。2014 年在泰国清莱市由于地震学校倒塌，灾后重建项目中使用了当地产的竹子（照片来源：特别注明以外为 Wison Tungthunya 提供）。

照片 2 动态伸展的竹子
外延 3m 左右的屋檐，依靠从水泥地基上伸展
开的竹子来支撑。

竹子校舍

■所在地：泰国清莱 ■用途：学校 ■总建筑面
积：400 m² ■层数：1 层 ■结构：竹子、钢结构
混合 ■各楼层面积：1 层，400 m² ■高度：最
高 8 m、屋檐高 2.3 m ■主要跨度：6 m×8 m ■
地基：混凝土基础 ■委托方：Phuc Khang
Corporation ■设计：Supermachine Studio ■设
计协作：Nawarat Patanakarn ■监理：Nawarat
Patanakarn ■施工：Nawarat Patanakarn ■施
工时间：2015 年 5 月—2016 年 5 月 ■运营：2016
年 5 月 ■总工费：400 万泰铢

外部装修

■房顶：铺设沥青后用竹子装饰 ■墙壁：钢结构铺设
石膏板 ■庭院：草坪和地砖

内部装修

■地面：聚乙烯卷材铺装 ■墙壁：石膏板铺装

照片 3 大屋檐下的方盒子
教室内观。大屋檐下放置钢结构搭成的箱型教室。

利用竹子强度大的特点，将其用于灾后校舍重建的是 Supermachine Studio 公司。该公司于 2009 年设立。业务涉及建筑设计、活动会场、艺术品等领域。下面介绍由该公司设计的、历经 1 年施工、2016 年 5 月竣工的"竹子校舍"（照片 1）。

2014 年 5 月泰国北部发生地震。震级 6.4，震源所在地清莱市的建筑物和道路遭到破坏。很多学校也受灾被毁。这时由泰国的年轻设计师们自发组建了"灾后重建设计"志愿团体。各个公司积极参与泰国皇家建筑家协会推进的地区重建项目。Supermachine Studio 也在其中。

图 1 新人也能轻松施工

采伐竹子。用化学药品进行处理使纤维变质。

组装。在竹子框架中加入钢梁，提高强度。

房梁的组装。不需要搭脚手架。

接合部位采用绳子捆扎的简单设计。

屋顶铺装。为了防止雨水渗漏在胶合板上在屋顶铺设沥青。

（资料来源：Supermachine Studio 提供）

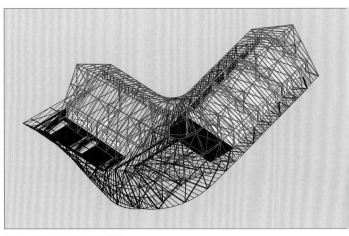

图 2 设计上采用 3D 模型

设计方案通过 3D 模型进行验证。可以轻松计算出材料的尺寸，按设计事先切割好竹子，提高效率（资料来源：Supermachine Studio 提供）。

"灾后重建设计"志愿团体调查了 23 所清莱的学校，决定在其中 9 所学校的原址上兴建新校舍。其中，由 Supermachine Studio 承担设计的是泰国北部清莱市一所叫"马洛镇"的小学。

现存的 2 层钢筋混凝土的校舍由于裂缝过大不得不拆除。根据志愿团体的调查报告，当地政府决定在校园的一角建设新校舍。

新校舍的首要建设条件是抗震。为了让在帐篷中坚持上课的学生们早日进入新校舍，寻找合适的建材成了当务之急。

Supermachine Studio 注意到了竹子。在灾后的新闻中，大部分地区都有建筑物倒塌的情况，"一个部落里的竹子建筑完好无损"的消息引起他们的关注。

Supermachine Studio 负责人说："为了预防地震的破坏，我们想在泰国传统竹构造基础上建造更强的竹建筑。竹建筑韧性好，不会轻易倒塌。可以在地震时为避难人群争取更长的时间。变形后的更换也容易实施。"

用竹子做主构造，以教室的钢梁为辅进行组合（照片 2、照片 3）。两者互相独立。

反复探讨竹子的种类和地基

Supermachine Studio 也很注重竹子的种类。经过多次调查，最终选择了主干长 4 ~ 6 m、没有枝杈、纤维密度高的当地产的竹子。砍伐的竹子经过化学处理，纤维得到强化。再经过 10 天左右的干燥即可。Supermachine Studio 曾经在音乐节活动会场的布置上使用过竹子，此次用到了当时的经验（图 1）。在设计上应用 3D 建模技术（图 2）。

为了使竹子立柱稳定，采用了简单的地基构造（图3）。探讨之后采用的是先用网状钢筋固定集中在一起的竹子，再在外面浇筑水泥的方案。最初的方法是用套筒和钢筋把竹子和水泥地基连接起来。

但是，一处地基需要埋设3~7根竹柱。角度的调整、连接件的互相干扰变得复杂，不容易施工。最终采用的方案是把竹柱的整个连接部位用水泥覆盖，做成表面光滑的半球体，孩子们可以将其当成座位（照片4）。

竹子之间接合的部位用绳子捆扎。屋顶的结构和装饰也采用竹子。为了防雨，在胶合板上铺设沥青。基本设计只用了10天。为了争取建设资金和技术上的支援必须尽快拿出设计方案。

由于设计迅速，得到了擅长堤岸土木构造建设的 Nawarat Patanakarn 公司的帮助。通过捐赠，筹集了400万泰铢。

在泰国，有着"竹子只是用来搭建临时建筑"的认知，竹子很少应用在长期建筑物上。关于维修、施工方法等方面的研究还很少。

Supermachine Studio 负责人说："当初，结构设计师和其他设计师疑惑为何不用钢结构建造。我们希望通过这个项目改变人们对竹子的看法。"

照片4　供学生们放松休息的地基构造

教室的室外是半开放式空间。半球形的基础结构是 Supermachine Studio 的独特设计。学生们喜欢坐在上面放松休息。

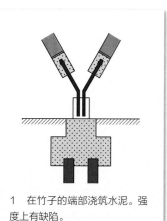

1　在竹子的端部浇筑水泥。强度上有缺陷。

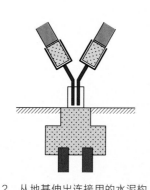

2　从地基伸出连接用的水泥构件，把竹子插进去。施工周期长。

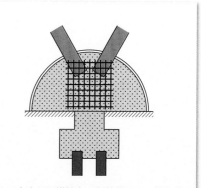

3　本次采用搭接在一起的竹子用网状钢筋固定，再浇筑混凝土。强度高、施工简便、外形美观，是最合适的方案。

图3　地面和竹子结合部位的多个方案

竹子地基部分的细节设计有3个方案。采用的是最右侧的接合形式（资料来源：根据 Supermachine Studio 的资料，由《日经建筑》杂志汇总提供）。

照片 5　利用现有树木进行设计
为了让现有的 3 棵树留在校园中央，新
校舍采用了 90° 回转的设计。

照片 6　校园也是教室的一部分
在教室面向校园的一侧开了很多落地门窗，使教室和校园成为一体。

利用现有树木建设开放式空间

新校舍呈 90° 弯曲状。这是为了灾后存活下来的 3 棵树能够继续留在校园中，特意避开而做的设计（照片 5）。

弯曲的屋顶下建有由钢梁做支架的教室，拐角部分做成半敞开式空间。这个空间对校外开放，成为孩子们的自由活动场所。

Supermachine Studio 负责人说："教育应该

延伸到教室以外。这里形成了内外相连的公共空间。"

钢梁搭建的教室墙壁上开了很多落地窗（照片 6）。这也体现了 Supermachine Studio 倡导的"教育应该对外开放"的设计理念。

另外，教室是由钢梁上铺设石膏板搭建而成的低成本构造。即使大地震再次损坏了墙壁，也能轻易修复。（桥本薰）

屋顶的装饰也用到了竹子

★ Sen Village社区活动中心 越南隆安

委托方：Phuc Khang Corporation
设计：武仲义建筑设计事务所
施工：Wind and Water House JSC

曲线流畅的独特结构之美

用竹子搭建的直径30 m的"大伞"

建筑从侧面看像一把巨伞，非常引人注目。骨架是由28根将竹子弯曲后捆扎在一起拼接的"柱梁组件"构成的。下面介绍如何用竹子搭建出这样的构造。

照片1 屋顶由竹子和茅草铺设而成的圆顶建筑
Sen Village 社区活动中心位于距越南胡志明市中心约 20 km 的新兴住宅区中。结构采用竹子构造，屋顶用茅草铺设而成。（照片来源：除特别标明外皆由《日经建筑》杂志提供）

越南的武仲义建筑设计事务所从 2006 年开始，在建筑中尝试用竹子做建材。该事务所近年来获得了多项建筑奖项。该事务所的法人代表武仲义曾在日本东京大学留学，师承内藤广先生。

武仲义创造出以竹子为建材的多种施工方法，设计出很多施工简单、成本低廉、美观实用的建筑。2015 年 4 月竣工的 "Sen Village 社区活动中心" 就是其中之一。

Sen Village 社区活动中心是用竹子作为主要构造而建成的。伞形屋顶倒映在水面上，给人留下深刻印象。屋顶直径约 30 m。屋檐遮蔽了强烈的阳光，带给人们阴凉（照片 1）。

站在中央抬头看屋顶里侧，可以清晰看到一根根青竹汇聚在一起，构造出整个建筑。铺盖在屋顶上的是当地出产的一种叫 "VOT" 的茅草。

这个建筑建在距离越南胡志明市中心大约 20 km 的新兴住宅小区中。

建筑大约可以容纳 250 人，是举办聚会、展览、音乐会等活动的场所。周围还有会议室、厨房等设施。

照片2 以天窗为中心的几何美
抬头看屋顶的中心。一根根竹子组成的柱子从顶部
呈圆弧状向四周伸展开来。

照片 3　竹子组成的柱子
直径约 30 m 的屋顶遮挡住炽热的阳光。呈弧线形向四周伸展开来的 28 根骨架支撑着屋顶。

柱梁的预制件

　　Sen Village 社区活动中心在施工阶段就注重预制件的制造。从顶部呈圆弧状向四周伸展开来的 28 根"柱梁组件"是核心部分（照片 2、照片 3）。

　　这些支撑屋顶的柱梁组件，是由在工厂加工成型运到施工现场的弧状部分与直线部分组装起来的（照片 4）。

　　在施工现场，柱梁组件还要与横梁材料组合，形成完整的构造。竹子长短不一，导致现场施工困难重重，尤其是曲线部分。在工厂预先加工成型，能够缩短工期，减轻现场的工作量。在设计上也实现了材料的统一连贯、完美结合。地基的施工也有独到之处。在混凝土地基中延伸出钢管，柱梁组件插入其中，再用绳子扎牢（照片 5）。

　　武仲义建筑设计事务所在开始采用竹子做建材的阶段，就着手研发施工技术。同时在越南国内召集人才组建专门的施工队伍。施工的精度也越来越高。

增加接合部位长度

　　Sen Village 社区活动中心采用的竹子是一种产于越南南部、当地称之为"Tambon"、直径约 4 cm 的细长竹子。这种竹子易弯曲、不易开裂，适用于圆顶和外壁的曲线部分。捆扎成束弯曲成弧状，连接起来可以形成很大的跨度。捆扎成束后，每根竹子的承重负荷减少，有助于提高建筑的使用寿命。

　　对于接合部分，将捆扎成束的竹子互相组装在一起后用粗竹签钉牢，再用绳子连接固定。用竹签做钉是为了在高温潮湿的越南防止建筑腐蚀。

　　武仲义介绍道："竹子无法像普通木材那样在断面处采用贴合连接。而增加接合部位的长度，不仅能提高强度，还具有很好的防风性能。"

将制作工艺品的技术应用到建材上

不用木材而用竹子是有理由的。武仲义说："竹子生长快，切断后能再生。价格便宜，对环境破坏小，而且美观。"

高温多湿、多虫害的东南亚地区，适合做建材的木材种类很少。另外，竹子在越南全境产量丰富，且耐腐蚀。在越南由于广泛使用竹子制作工艺品，所以竹子数量很多。

武仲义认为，到目前为止，竹子在建材上仅仅用于临时建筑，如果能够解决材料规格不统一、防虫害的问题，竹子完全可以作为良好的建材。

为此，他开创出独特的竹子加工方法（图1），大致分为三个步骤：首先，把竹子一边用火烤一边弯曲，捆扎成束固定形状；其次，为了防虫，将其浸泡在水中3～6个月。这样可以使纤维变质；最后，进行熏蒸处理，一边加热一边在竹子表面涂一层油，这样处理后的竹子呈独特的黑红色，这是处理带来的附加效果。

加工过程不用任何化学制剂，不仅对环境影响小，还不需要做后续处理。这个方法是越南传统竹工艺品加工的泥水浸泡法在建材上的应用。

照片4　直线和曲线的竹子构成的型材模块
型材模块的上部与屋顶的直梁和拱梁接合。用绳子和竹钉加以固定。

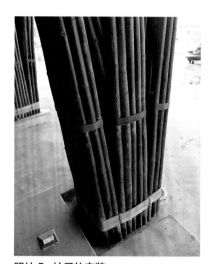

照片5　柱子的安装
型材模块的基础部分。集结在一起，竹子插在从地基伸出来的钢管上，用绳子捆扎牢固。

图1　竹子加工的三个步骤

①弯曲

②用水浸泡

③熏蒸

将采伐下来的竹子拢在一起，用绳子或铁架固定成曲线使之产生变形。（照片来源：三张照片均由武仲义建筑设计事务所提供）。

在湖泊里把竹子浸泡3～6个月，使纤维变质，这是防虫处理的重要步骤。

加热使纤维伸展，提高强度。处理后的竹子易于保持干燥状态，表面也光滑。

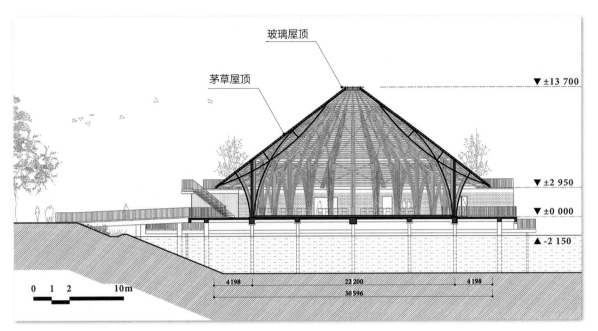

玻璃屋顶

茅草屋顶

茅草

▼ ±13 700

▼ ±2 950

▼ ±0 000

▲ -2 150

0 1 2   10m

4198   22 200   4198

30 596

图 2 社区中心的剖面图

利用水池设计玻璃屋顶、茅草屋顶。大厅四周水面上的凉风徐徐吹进，外面是宽 4 m 的长廊和功能区（资料来源：武仲义建筑设计事务所提供）。

Sen Village 社区活动中心

■所在地：越南隆安 ■基地面积：480 000 m² ■建筑占地面积：1 395 m² ■总建筑面积：1 395 m² ■层数：1 层 ■结构：竹结构 ■各层面积：1 层 1 395 m² ■高：最高 13 m，层高 2.95 m ■主跨度：22.2 m×22.2 m ■所有者：Phuc Khang Corporation ■设计：武仲义建筑设计事务所 ■施工：Wind and Water House JSC ■设计时间：2014 年 2 月—2014 年 10 月 ■施工时间：2014 年 11 月—2015 年 4 月

照片 6 顶部采光，节省能源

屋顶采光采用铺盖圆形玻璃板的简易构造。白天有阳光时不需要人工照明。茅草铺设的屋顶有足够的缝隙让室内的热气散去。

Sen Village 社区活动中心的建设也考虑到了环境。天窗和水池的组合最具代表性。四周水池的凉风吹入大厅，带来阵阵清凉。热气则从天窗和屋顶的缝隙散去（图 2）。

光线柔和的天窗采用仅在顶部铺设玻璃的简单构造。白天室内完全不需要人工照明（照片 6）。

依靠这种设计，完全不需要空调系统。在汽车、摩托车往来频繁，环境污染日渐严重的越南，武仲义提倡采用自然采光、换气的建筑设计。他于 2010 年成立"窗与水的房间"合作施工公司，专门从事把自然的风、光、植被融入建筑中的研究。利用竹子生长迅速的特点，将其作为建材是减轻环境负担的有效途径。

实现多元化建筑设计的结构方案

武仲义建筑设计事务所设计出很多以竹子做材料的结构方案。悬臂梁、桁架、伞形、圆顶等竹结构都颇具创意。他们在竹子的品种、施工方法、最终的成型方案之间选择最佳组合。

悬臂梁

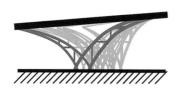

越南河内近郊的咖啡厅——竹翼。悬臂梁结构营造出宽 12 m 的开放空间。2009 年竣工（照片来源: 本页由大木宏之提供。资料来源: 本页由武仲义建筑设计事务所提供）。

武仲义建筑设计事务所最初把竹子作为钢材的加固材料来使用。当发现竹子本身也具有足够的强度后，开始设计完全由竹子构造的建筑。"竹翼"（2009 年）是不仅把竹子当作装饰材料，而且将其作为结构构造的项目。

该项目完全由竹子建成悬臂梁结构。向两侧伸展开的悬梁不仅结构稳固，还形成了一个开放式的空间。

"山罗餐厅"（2014 年），是由 4 根竹子为一组构成的柱子（96 根）支撑起来的框架结构。结构的承重分散到交叉重叠的竹梁上。采用的竹子是当地产的直径 8 ~ 10 cm、茎干笔直的品种。不同品种的竹子，适用于不同的建筑结构。

"钻石岛社区中心"（2015 年），是完全用竹子搭建的直径 24 m、高 12 m 的圆顶建筑。工人们在施工现场就地加工搭建。通过这一个个竹建筑的施工探索，该团队的技术水平不断提高。（桥本薰）

框架结构

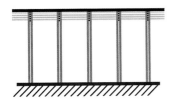

在越南北部城镇有一家叫"山罗餐厅"的店。用当地产的竹子和石材建成，长8m的当地竹子连接起来做主梁，4根竹子为一组的柱子共有96根，支撑着餐厅。2014年竣工。

圆顶

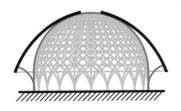

由8个半球形的圆顶大厅组成的"钻石岛社区中心"。照片所示是其中最大的一个大厅，直径24m，有双重圆顶。曲线部分是用加工成合适尺寸的竹子，由富有经验的工人拼装成的格子网。2015年竣工。

第5章

开创高耐火性、高抗震性的日本都市木结构建筑10选

虽然有人会揶揄日本的木结构"加拉巴哥化※"。但反过来想，这也说明了日本持续不断地在开发自己独特的技术。其一是以"阻燃型材"为代表的高耐火性。其二是假设在强震之下的高抗震性。以安全性作为前提的日本现代木结构建筑中，的确也有不少优秀的案例。我们选择了10个案例做介绍。

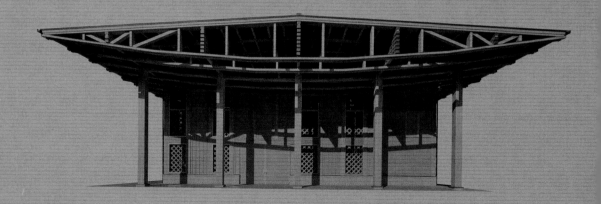

01

SunnyHills at Minami-Aoyama（日本东京都港区）

委托方：SunnyHills Japan　设计：隈研吾建筑都市设计事务所　施工：佐藤秀

以60 mm×60 mm截面的木构架将楼板托起

在东京南青山的街道上，出现了很多路人都觉得不可思议的独特木建筑。60 mm×60 mm桧木板材构成的被称为"地狱组装"的木构架并不是单纯的装饰，而是支撑地板与屋顶荷载的结构体。

在日本，规定带有面向道路入口的楼层为地下 1
层。建筑内外都能看到不使用接合五金的木结
构，构成传统"地狱组装"的坚固格子。此店铺
于 2013 年末运营。（照片来源：特别注明以外
皆为安川千秋提供）。

"一听到凤梨这个词，脑中马上就想到了这
个建筑构想。"这是隈研吾回想起接受委托设计时
所发生的事。他从凤梨表面联想到的是，可以利用
细的木材来做木结构建筑。

他在东京南青山的 SunnyHills at Minami
Aoyama 项目中实现了这个构想。这是一家将凤梨
制成果酱状的内馅，再用面皮包裹起来的凤梨酥专
卖店。这个项目是 SunnyHills 在日本的第一家分店。

店铺位于一个缓坡上，建筑物的东、南、北
三面都被 3 层楼的木结构所包裹着。此木结构是用
截面 60 mm × 60 mm 桧木板材所构成的斜格子。
乍看之下像是建筑装饰的外装材料，其实是建筑的

结构体。西侧约一半是 RC 结构，东侧为木结构。
在桧木板材组成的结构中，虽没有任何一根垂直竖
立的构件，却能撑起 3 层楼高的木结构楼板和屋顶。
地震时的水平震动力由 RC 结构承受。

这是隈研吾"木结构建筑"的第三个样式，
是继 2010 年完成的 Prostho Museum Research
Center（爱知县春日井市）、Starbucks Coffee
太宰府满天宫表参道店（福冈县）之后所延续的建
筑发展形式。之前的两个作品虽然也是使用截面
60 mm × 60 mm 的日本桧木和柳杉木的结构，但
这是第一次使用能作为支撑楼板的结构体所建成的
建筑。

从东北方向所看到的外观。以菱形为单位的"地狱组装"随意配置的结构体，支撑着3层高的楼板和屋顶。使用的是截面60 mm×60 mm的日本岐阜县产的东浓桧木，是经过非可燃处理的高强度E110等级的材料。结构中没有任何垂直使用的构件。在照片左侧的东面部分，"地狱组装"的格子全都是倾斜的，但从这里开始接续的北侧的格子面是垂直的。

图1"地狱组装"：只使用木材做成的坚固格子

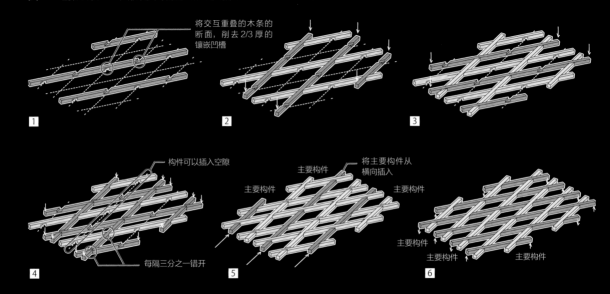

将交互重叠的木条的断面，削去2/3厚的镶嵌凹槽

构件可以插入空隙

每隔三分之一错开

主要构件

将主要构件从横向插入

主要构件

主要构件

主要构件

主要构件

1—3 将木条断面削去2/3厚的镶嵌的凹槽，依序以交错的方式互相组合。4、5 在这些接榫口形成一个可以塞入的空隙，将主要构件插入其中。6 各接榫都镶嵌完成后，所有的构件就能合成一个"地狱组装"的面

照片 1　将倾斜的格子面两面以上重叠

左图照片：用至少 2 面、倾斜约 9° 的"地狱组装"，将格子面重叠，各面以相反方向将倾斜的构件相连接。在楼板梁柱的地方增加格子的数量，以提高支撑强度。右面照片：地下 1 层的入口大厅部分。（照片来源：松浦隆幸提供）

作为面固定的"地狱组装"

建筑内外所呈现的木构造，称为"地狱组装"。这种传统的木构造，多半是用于日式建筑的门窗、隔扇，或者家具一类，隈研吾说："从未把它作为建筑结构使用。"

"地狱组装"，将木条正反两面交错，削去 2/3 厚度的镶嵌凹槽，再以交错的方式组合，互相交错重叠 3 次后，形成"井"字形或菱形的结构。

角材构件的表面每隔 1/3 错开，形成"井"字或菱形，在这些接榫口形成的空隙中间，可以再横向插入一个构件。在这里插入主要构件方木之后，整体就会形成一个坚固的格子面，变得无法分开（图 1）。

呈菱形"地狱组装"的格子面，是以垂直向两旁倾斜 9° 立着（照片 1）。至少有两面，多的地方 5 ~ 6 面重叠。此外，到处可看到将倾斜的构件以相反方向连接。

由此，在能支撑各楼板的同时，也实现了隈研吾想要追求的"参差错落感"。

展现结构材料的斜坡

基地的斜坡对这栋建筑物有诸多好处。按照当地规定，地上 3 层的店铺必须是耐火建筑；主要结构的木材也必须使用耐火木材，细方木的使用受此规定限制。但是，以基地的斜坡为基础，将有入口的最下层作为地下 1 层，视该建筑为地上两层的建筑物来做规划。当地规定，如果地上部分是两层，且各层面积未满 500 m^2，则不需要做成耐火建筑物。因此在这里可以使用细方木组装搭建 3 层木造结构建筑。但是木结构的外墙还是有可能受到火灾威胁的，所以木材都做了不可燃处理。此外，外部的木材均涂上抑制白华的药剂，也有保护作用，预计每隔 2 ~ 3 年涂装一次。店铺内使用大片玻璃，内部空间也被玻璃和外侧覆盖的木结构包裹着（照片 2、照片 3、图 2）。

照片 2　被木头包围的店铺

从楼梯平台可以看到 1 层的店铺与 2 层的会议室。店内很多地方使用玻璃，因而无论到哪儿都能看到"地狱组装"。店内立着的"地狱组装"的格子，皆为装饰材料，并不是结构材料。

照片 3　无柱子的内部空间

2 层的会议室。店内没有柱子。显露在外侧的"地狱组装"的木结构，支撑着由三个方向组成的梁。内部的门窗和隔墙等，也延续了"地狱组装"的主题统一设计风格。

这里接待客人的方式很独特。来店的客人会被店员请到大桌子旁的座位上，店内会为客人提供免费的凤梨酥和茶水。试吃之后，喜欢这款糕点的客人就会买一些带走。

SunnyHills Japan 的藤冈慧小姐说道："店铺不只是贩卖商品，我们希望客人在被木头包围的空间里得到放松。"因店里生意很好，在节假日时前往需要排队。

图 2　用细长构件组成 3 层楼木结构

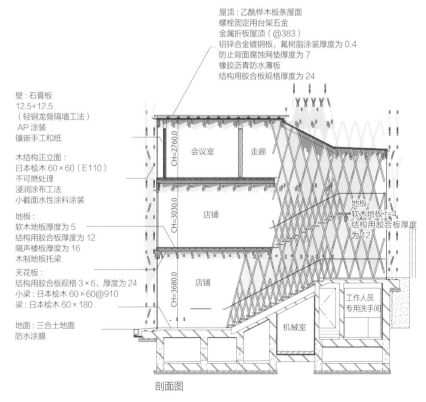

屋顶：乙酰桦木板条屋面
螺栓固定用台架五金
金属折板屋顶（@383）
铝锌合金镀钢板，氟树脂涂装厚度为 0.4
防止背面腐蚀网垫厚度为 7
橡胶沥青防水薄板
结构用胶合板规格厚度为 24

壁：石膏板
12.5+12.5
（轻钢龙骨隔墙工法）
AP 涂装
镶嵌手工和纸

木结构正立面：
日本桧木 60×60（E110）
不可燃处理
浸润涂布工法
小截面水性涂料涂装

地板：
软木地板厚度为 5
结构用胶合板厚度为 12
隔声楼板厚度为 16
木制地板托梁

天花板：
结构用胶合板规格为 3×6，厚度为 24
小梁：日本桧木 60×60@910
梁：日本桧木 60×180

地面：三合土地面
防水涂膜

CH=2760.0　会议室　走廊

CH=3030.0　店铺

地板：
软木地板厚度为 5
结构用胶合板厚度为 12

CH=3680.0　店铺

工作人员专用洗手间

机械室

剖面图

设计者：隈研吾

1954 年生于日本神奈川县。1979 年于日本东京大学毕业，获得硕士学位。1987 年创立空间研究所。1990 年创立隈研吾建筑设计事务所。2008 年创立 Kuma&Associates Europe（巴黎）。2001 年至 2009 年担任日本庆应义塾大学理工学部的教授。2009 年后，任教于东京大学。

1层的店铺并没有展示商品的陈列柜，只摆放了一张大桌子。到访的客人能在这里享用店家供客人试吃的凤梨酥和茶。可以利用开窗或露台空间，来清扫玻璃的外侧。

地下1层平面图

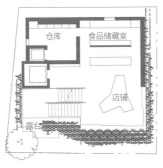

1层平面图

2层平面图

SunnyHills at Minami-Aoyama

■所在地：日本东京都港区南青山3-10-20 ■主要用途：店铺 ■地域、地区：第二种中高层住居专用地域、准防火地域，第三种高度地区 ■建筑密度：58.26%（容许60%）■容积率：166.77%（容许281.6%）邻接道路：东7.04 m、北5.5 m ■停车数：1辆 ■基地面积：175.69 m² ■建筑占地面积：102.36 m² ■总建筑面积：293 m² ■结构：钢筋混凝土结构、部分木结构 ■层数：地下1层、地上2层 ■基础、桩：板式基础 ■高度：最高高度为8.82 m、檐口高9.693 m。层高：3.32 m（店铺）净高2.94 m（店铺）■主要跨距：4 m×11.1 m ■委托方：SunnyHills Japan ■设计：隈研吾建筑设计事务所 ■协助设计：佐藤淳构造设计事务所（构造）、环境工程（设备）■施工：佐藤秀 ■协助施工：三荣设备工业（空调、卫生）、国兴系统（电气）、翠丰（木工）■运营：SunnyHills Japan ■设计时间：2012年1月—2012年10月 ■施工时间：2012年11月—2013年12月 ■开业日：2013年12月21日 ■工程费用：未公开

把无垂直构件组装起来的幕后功臣们

木结构内没有一根构件是垂直或水平的。如果不对所有相异的复杂接合部位形状进行解读的话，是无法施工的。为了使这个建筑得以实现，结构设计人员与施工人员都付出了许多心血。

"从制定好目标，到找出可行的方法，就花了半年的时间。"负责施工的佐藤秀公司的木结构建筑科的庭野充回忆道。他们在公司内部停车场制造出高约 10 m 的模型，不断地验证"地狱组装"是否真的能作为结构体，是否能制作出来（照片 4）。

喜欢木结构的庭野看到当初的设计方案时说："这是不可能做出来的。"其中让他特别不安的是，将各层的楼板和梁向外侧凸出，用"地狱组装"来支撑。楼板和梁以同一水平等间距排列，但因外侧的木构架是随机配置的，所以有可能不是全部木构件都受到梁的支撑，会出现端部悬空的情形。

因此，由施工方反过来向设计者提案，用桁沿着建筑物的外围绕一圈，无论是哪根梁都一定有桁来支持着结构。庭野说道："因为是从来没有见过的木结构方式，所以要以能够确保安全的结构来避免瑕疵。"

此外，外围的桁也有助于防止雨水进入内部。庭野解释道："即使从外部的梁渗进来雨水，也可以用桁挡下来，防止雨水进入建筑物内部。"

施工过程就像是编织木材一样。使用过的木材约 60 m³。如果将木材构件连成直线，长度约有 5 km。因为所有的部件都不一样，而且如果弄错了顺序的话就无法组合，所以需要一边确认编号，一边将构件一根根地组装搭建起来（照片 5）。

照片 4　用模型来进行错误测试

2012 年秋，佐藤秀所制作的"地狱组装"模型。对能否作为结构体以及是否能够施工，进行了试验。右边照片为使用泡沫板，对楼板梁的接合方式进行探讨的情形（照片来源：隈研吾建筑设计事务所提供）。

照片 5　所有不同的接合处，都由木工亲手切割

构件的加工全部由木工手工制作。搭建方法是从下层开始按顺序进行的。1 个楼层约花 1 个月的时间施工，装饰材料等最后的表面装饰，也花了 1 个月的时间，共计约 4 个月（照片来源：右边 4 张均为佐藤秀提供）。

真的要做吗？

"结构设计与施工都如此困难的设计，真的要做吗？"提出了"地狱组装"方案的结构设计师佐藤淳在设计推进的过程中向隈研吾询问了多次。

当初，佐藤淳所想象的"地狱组装"是简单的结构。将垂直竖立的格子面互相镶嵌成板状，然后将它们像多面体一样组装在一起。然而，隈研吾提出的要求是"把面斜着设置。不要模块化的感觉，是想要呈现参差错落的木结构"。佐藤说："如果将面倾斜，从力学上来说，会产生不利的影响。比起地震时所受的力，我更担心会有屈曲的现象发生。"

收到事务所设计的 3DCAD 图后，佐藤的事务所将其做成以厘米为单位的水平方向切面 2D 图（图 3）。佐藤说："如果不用 2D 图，就不知道各个构材实际是以怎样的方式交叉搭建，也看不到力的传递方向。"

以此为基础，从结构方面不断进行调整，因为以一般的结构计算是无法成立的，所以改变了计算方法。在一般计算中，使用 1 根构件的平均截面。而对于这里的结构，把全截面的部分和削去 2/3 的部分区分开，以截面变化的地方作为连接点，以即使是 1 根构件也与多数的其他构件相连接为前提进行计算。虽然工作量庞大，但通过详细的计算，得到了这个结构可以实现的结论。（编写：松浦隆幸）

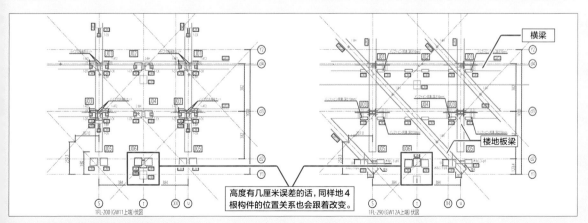

高度有几厘米误差的话，同样地 4 根构件的位置关系也会跟着改变。

图 3　用 2D 图来解读构件的交叉构成

佐藤先生所做的平面图例。以隈研吾建筑设计事务所制作的 3DCAD 图为基础，佐藤将图面制作成 2D 图。每隔几厘米就生成一张图纸，清楚地标示各倾斜走向构件的相交状况，探讨力的传递方式与构件的接合方法（资料来源：佐藤淳提供）。

02

大家的森林：岐阜媒体中心（日本岐阜）

委托方：日本岐阜市政府　设计：伊东丰雄建筑设计事务所　施工：户田建设、大日本土木、市川工务店、雏屋建设

空气的流动性如同日式房屋那样

将建筑与设备视为一个整体来设计，打造能感觉空气流动的建筑。设计师伊东丰雄对于这栋2层的大规模复合设施的目标是：建设成利用上、下层空气的温度差进行空气循环的节能空间。

岐阜市立中央图书馆的 2 楼为开放阅览区。1 楼为闭架书库（读者无法直接拿取书籍的书架）与办公室等。该图书馆可储存的书籍数量为 1 楼 60 万册、2 楼 30 万册，共计 90 万册。（照片来源：特别注明以外皆为车田保提供）

"能感觉到空气在流动""空调真舒适"，这是岐阜媒体中心在 2015 年 7 月 18 日开始运营时，在岐阜市立中央图书馆里，设计师伊东丰雄坐在半球形的圆罩下，从工作人员的口中所得知的人们的感受（照片 1）。

岐阜市中心内落成的复合设施，除了图书馆之外，还包含市民活动交流中心、展示画廊等。岐

阜市长细江茂光在参观伊东丰雄设计的仙台媒体中心（2001 年）之后，深感"岐阜也需要这样的设施"，便以此为契机开展了这个项目（照片 2）。

2 楼的阅览区，在波浪状的木结构屋顶下形成一个连续的空间，因为有能制冷和调节湿度的空调设施，所以人在室内能感受到微风。如果打开正上方的天窗，底层的空气就能向天花板流动。

照片1　洒落柔和自然光的顶部照明

2楼西北侧的文学书阅读区域为球形。光能从天窗穿透、反射、扩散至整个空间，而空间能借着直上可动式的天窗进行换气。该球形区域直径为14 m，是4种不同尺寸中最大的。聚酯材质以三轴编织工法制成的无纺布，其上有圆形或六角形的规则图样。随着无纺布的密度变化，风的流动、视线的穿透与光线进入的方式也跟着变化。

　　"将设计与设备视为一体，实现真正让空气流动的空间。"伊东的目标是：打造出如古代木造住宅那样，内外空气流畅、通风良好的建筑。而在2楼的3个角落也都配置了像檐廊一样的露台。

　　"大房子与小房子"是在2011年的设计提案中，伊东丰雄提出的主题。因此，他在低层的大房子覆盖住像街道一样的空间里配置了许多小房子。大房子内侧为中间区域，利用上下温差，使空气能自然流动。这就是伊东丰雄所说的"空气的流动"。而在空间的顶部也可利用自然光。

　　最初，是以小房子为意象，用墙面隔出一个个小空间，但有了用半透明的球形圆罩从天窗垂吊下来的想法后，这成为一切设计的切入点。

　　伊东丰雄说："如果使用球形圆罩，小房子（小空间）不会变得封闭，也能做出明亮的空间。大房子（大空间）如果使用薄壳结构屋顶，空气也容易流动。因为薄壳面的上部所受的应力较小，也能合理地将自然光线引入建筑内。知道一切都可以解决

后，我很快着手设计。"

　　木结构屋顶是由当地产的日本桧木板材，组成三角形的格子状构造所组成的。奥雅纳的资深助理金田充弘说："我们提案的材料，并不是使用大断面的集成材，而是用短木料聚集在一起的方法。希望让更多的岐阜木工师傅来参与制作。"

从"小房子"到"球形圆罩"

　　伊东丰雄的另一个想法是"一起思考，一起制作"。1楼的画廊如何使用呢（照片3）？出生于岐阜市的艺术家（现为日本东京艺术大学教授）日比野克彦先生，招集市民们以研讨会的形式决定该设施的设计理念和使用方式。事务所的员工也参与了研讨会。日比野先生参与了此建筑的开幕活动。

　　身为创立岩手县立儿童馆等项目的重要推手，也是这次通过公开招聘而就任图书馆馆长的吉成信夫先生说道："即使是图书馆里面，空间是否能给

照片 2　将多种要素融合的立面

建筑南侧立面全景。平面的大小为
88.8 m×79.6 m。外围除了支撑木结
构屋顶的 T 形柱之外，也配置了钢板
的承重墙等，部分钢结构柱兼具分隔
窗户的作用。

人解放身体和心灵的感觉也是非常
重要的。当在 2015 年 4 月赴任之时，
我看到能轻松随意躺卧的亲子空间，
就觉得伊东先生的设计很符合让人
放松的空间要求。(照片 4 ~ 照片 6)"

设计师：伊东丰雄

1941 年出生于韩国京城市 (现
为首尔市)。1965 年于日本
东京大学工学部毕业。曾于菊
竹清训建筑设计事务所工作。
1971 年成立工作室"Urban
Robot"，1979 年改名为伊
东丰雄建筑设计事务所。2013 年获得普利兹
克奖。

照片 3　用桧木板制成的百叶状天花板，能看到管线配置

1 楼的市民活动交流中心 (上面照片) 与画廊空间 (下面照片)。为了使空间产
生宽敞的感觉，天花板不做整面装饰，而采用日本桧木的集成材制成百叶状天花板，
这样能够看到其中的建筑设备管线、配管等配置节点。

东西向剖面图

照片 4　城市绿色轴线与建筑

从西侧的小溪林道 Teniteo 方向看建筑。小溪林道 Teniteo 为宽 8 m 的步行道，两侧各有 2 列桂花树与 1 列常绿树。东西向每隔 4 m、南北向每隔 3 m 互相交错种植桂花树，使"明亮森林"与城市绿色轴线相连。景观设计由日本东京大学研究生院石川干子教授担任。

照片 5　贯通南北 240 m 长的小溪

上图为依据岐阜市的提案，将小溪林道 Teniteo 的小溪整修出来的照片。小溪林道 Teniteo 南北长约 240 m。岐阜市政府将搬至前面的停车场。

照片 6　让市长为之着迷的绿色风景

俯视小溪林道 Teniteo 的二层林荫露台。细江市长对从露台看出去的丰富绿色风景效果非常着迷，将行列树的乔木植栽从 4 列变为 6 列。

2楼平面图

图中标注：报纸阅览区、9.文学类图书区、9.文学（小说）、1.哲学、0.总记、乡村数据、金华山露台、文学类图书区、咨询服务区的球形圆罩、咨询服务区的服务台、2.历史、地理、乡村球形圆罩、林荫露台、文库专区、文库新书、网络服务区、展示区球形圆罩、3.社会科学、4.自然科学、Young Adult区、8.语言、初高中生、接待处、儿童借还书服务台、咨询专区、借还书服务台、休闲区、3.社会科学、7.艺术、5.技术、综合咨询服务台、6.产业、儿童书（一般）、儿童区的儿童咨询服务台、入口球形圆罩、杂志阅览区、视听数据、时尚、儿童书（绘本）、亲子空间球形圆罩、儿童区的球形圆罩、视听座席区、林荫露台、讲故事的房间、向阳露台、阅读咖啡厅

事务所（水电工程）、藤江和子工作室（家具设计）、Lighting Planners Associates（照明）、日本设计中心原设计研究所（标识系统计划）、永田音响设计（音响计划）、安宅防灾设计（防灾、避难、区划）、东和Prosperi（造价工程）、安东阳子设计（织品设计）、东京大学研究所工学院研究科石川干子研究室（景观设计）、大日顾问（林荫道路实施设计）■施工：户田建设、大日本土木、市川工务店、雏屋建设社（建筑）、朝日设备工业、Daiwa Techno（空调）、安田、浓尾（卫生）、内藤电机、山一电气（水电工程）、山一电气（太阳光）、市川工务店（停车场）、丸成林建设、市川工务店、松英组、佐野组、寺岛建设、井户顺工业、岐阜造园、吉村造园土木、岐阜庭园（以上为建筑外构造）■营运：岐阜市 ■设计时间：2011年2月—2012年3月 ■施工时间：2013年7月—2015年2月 ■开馆日：2015年7月18日 ■总费用：约152亿日元 ■设计费：约3.50亿日元 ■工程费：约40.56亿日元（建筑）、约8.57亿日元（空调）、约3.14亿日元（卫生）、约6.31亿日元（水电工程）、约1.26亿日元（太阳能发电）

建筑外装材

■屋顶：超耐久TPO薄膜层压钢板（JFE钢板）■外墙：钢结构部分、氟树酯涂装 ■外墙门窗：天窗（Panasonic环境工程）、天窗可动式可动风挡（泷机械）、木、铝复合断热幕墙(预制组装)、玻璃屏幕墙（AGC硝子建材）■建筑外构造物、2层露台地板：木板（越井木材工业）■铺装：透水性、保水性平板砖（日本兴业）

建筑内装材料

■地面：混凝土地板、经浸透表面强化剂打磨（C-GATE）、球形圆罩区下地板、拼贴地毯（长谷虎纺织、DIA CARPET）、工作坊地板、油毡地板（福尔波地板）、图书馆办公室地板、PVC拼贴地板（龙喜陆工业）■墙面：工坊、会议室、混凝土空心砖、防水剂涂布、画廊墙面、人造木材（JAPAN INSULATION CO., LTD.）、EP涂装、化妆室墙面、硅藻土涂装（Fujiwara Chemical Co., Ltd.）、幼儿房四周墙面、硅藻土涂装（装饰涂料）■球形圆罩：聚酯三轴织无纺布（SAKASE ADTECH CO., LTD.）、特殊无纺布（安东阳子设计）

空调设备其他方面

■空调方式：居住空调系统为地板空调辐射面板、外气除湿系统为干燥剂空调机、水源热泵多联式空调系统 ■热源：利用地下水排热回收热泵冷却装置、太阳能冷温水机（利用地下水为冷却水）■PAL值：每年222.06 MJ/ m² ■环境认证：CASBEE评价3.7（S级）

来馆信息

■开放时间：上午9时—晚上9时（图书馆入馆时间晚上8点以前）■休馆日：每月底的星期二（如有和日本国家法定节假日重复，则在隔天休馆）、年底及年初假期 ■联系方式：058-265-4101

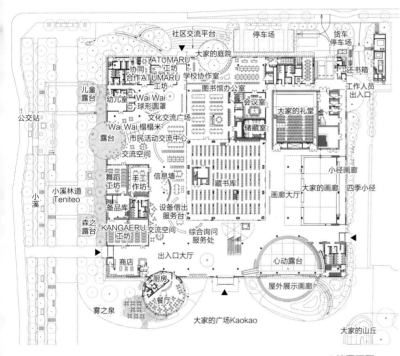

图中标注：社区交流平台、停车场、货车停车场、大家的庭院、ATUMARU工坊、协同·合作ATUMARU工坊、学校协作室、还书箱、儿童露台、图书馆办公室、Wai Wai球形圆罩、工作人员出入口、公交站、幼儿室、会议室、Wai Wai榻榻米、文化交流广场、大家的礼堂、市民活动交流中心、储藏室、交流空间、舞蹈工坊、手工工作坊、信息墙、藏书库、小径画廊、小溪林道Teniteo、手作品库、大家的画廊、画廊大厅、四季小径、小溪、设备借出服务台、设备借出服务处、小溪之露台、KANGAERU工坊、交流空间、综合询问服务处、出入口大厅、心动露台、商店、厨房、餐厅、屋外展示画廊、雾之泉、大家的广场Kaokao、大家的山丘

1楼平面图

大家的森林：岐阜媒体中心

■所在地：岐阜市司町40-5 ■主要用途：图书馆、市民活动交流中心、画廊 ■地域、地区：商业地域、准防火地域、停车场整备地区、景观计划区域、绿化重点地区、中心市街地活性化基本计划区域 ■建筑密度：50.72%（容许：80%）■容积率：103.13%（容许400%）■邻接道路：东18 m、北9 m ■敷地面积：14 848.34 m² ■建筑占地面积：7 530.56 m²（含附属楼、停车场）■总建筑面积：15 444.23 m²（含附属楼、停车场）■结构：钢筋混凝土结构、部分钢结构（1层、M2层）、钢结构、木结构、梁（2层）■层数：地下1层，地上2层 ■各层面积：地下1层503.8 m²、1层7 348.26 m²、M2层746.76 m²、2层6 845.41 m² ■基础、桩：地盘改良基础、部分毛石混凝土 ■高度：最高高度16.09 m、轩高12.21～15.19 m、层高6 m（1层）、6.5～10 m（2层）、天花板高4.5 m（1层）、5.7~8.7 m（2层）■主要跨距：9.2 m×9.2 m ■委托：岐阜市政府 ■设计：伊东丰雄建筑设计事务所 ■协助设计：奥雅纳（构造、环境计划、防灾、耐火）、ES ASSOCIATES（空调、卫生）、大泷设备

南侧入口周边的傍晚景色。"悬浮"的 2 楼木结构屋顶与半球状的圆罩。

利用薄壳结构的优点展现构造的浓淡变化

使用当地产的日本扁柏作为材料，在现场重叠组装，将三角格状结构层层叠起形成薄壳结构，大跨距的设计一个无柱子的广场，在此同时，减少顶部的格状结构堆叠，让光能够照射进来。

建筑物整体的结构方面，选择了适合的结构系统（图1）。极具特色的木构造屋顶，是用当地产的日本扁柏木材，以断面20 mm×120 mm木条组成三角格状结构。伊东丰雄建筑事务所的东建男说："从奥雅纳公司提出这种屋顶的结构后，这种具有合理性的形式结构，让这种大跨距的结构形成了一个无柱子广场，也赋予圆罩在空间中的存在意义。"

奥雅纳公司的金田说："随着屋顶形状的隆起，就能显出薄壳结构的效果。由于薄壳结构对于构造的负担较小，因而结构的层数就能减少，光线也能穿透进来。"

只有最下层的三角格子的间距是460 mm，其上的结构间距是920 mm。图2为凹凸如H型钢侧边形状构成的示意图。金田说："利用网格的大小和层数的不同，能够调整结构的密度。在取得设计样式与构造需求之间的平衡之后，成为现在所见的结构。（照片7）"

负责施工的户田建设，之前也负责伊东设计的位于岐阜县各务原市的"瞑想之森"项目。"瞑想之森"的屋顶是钢筋混凝土结构的自由曲面。而这次是木造曲面，先用模板做出地板，再从下侧开始依序制作三角格子（照片8）。

户田建设的伊藤智说："因为有（瞑想之森）的施工经验，所以伊东先生才将施工交给我们处理。如果完全没有经验，从零开始研究施工方法的话，可能需要花费相当多的时间。"因为是第一次制作木造曲面屋顶，所以制作了实际尺寸的模型，确认之后才进入施工阶段。

图1 钢筋混凝土造（RC）、钢骨造（S）与木造的混合构造

到2楼为止都为RC造，1楼圆柱的柱头半径为2 m，支撑中空楼板。2楼的钢骨柱与外围的T形柱支撑房屋（数据来源：伊东丰雄建筑设计事务所提供）。

图2 薄壳结构的部分，格子状构造的层数递减

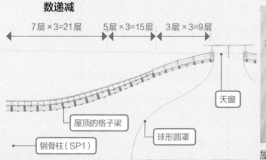

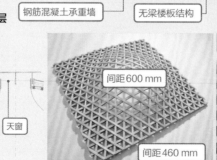

屋顶用日本桧木以间距920 mm的三角格子状结构层堆叠而成，在木造模块的隙缝间插入衔接的梁（右图）。为了增加刚度，只有最下层的间距为460 mm，往上拱起的地方间距约为600 mm（照片来源：左面照片为伊东丰雄建筑设计事务所提供，右面照片为《日经建筑》杂志提供）。

照片 7　用简单的规则创造出复杂的现象

2 楼是用钢骨柱支撑木造结构屋顶的板状部分，而支撑贝壳状部分的柱子间距就能拉大。在 1 楼 RC 柱头的平面范围内，根据屋顶形状的关系，2 楼钢骨柱的位置也会视情况有错开的情形。薄壳结构的剖面形状，是根据球形圆罩的直径大小，以固定的规则所确定的曲线弧度。金田说："加上屋顶的起伏曲面的关系，所以没有感觉是柱子在支撑格子状的构造。另外大家也思考着如何利用简单的规则创造出复杂的现象。"

照片 8　制作模板，架设作业地板，借以做出格子结构的屋顶

1. 格栅施工。用结构支撑平台来调整高度，将数控机床（NC）加工后呈现曲线形的栅垫木以间距 920 mm 排列。栅垫木为由 2 块厚 28 mm 的木材合在一起的夹板。2. 完成铺设作业的地板。在栅垫木上铺设厚度为 15 mm、12 mm 交叠的，宽度为 300 mm 的模板，此模板也兼作格栅（地板横梁）。3. Laminar 为断面 20 mm × 120 mm 的木材，在木材与木材的缝隙间，塞入长度为 40 mm 的木条，再用接着剂和螺栓固定。这里使用的 Laminar 是将长度 4 m 的日本扁柏木材相接成 12 m 后再搬入施工现场。两块木材用五金材料连接在一起。4. 组装搭建这些格子屋顶需要约 8 500 道人工操作，从 2014 年 6 月底至 2014 年 9 月底，约耗时 100 天（照片来源：户田建设提供）。

专栏3

确保局部发生火灾时的安全

为了能做出用当地产的日本扁柏所搭建的木造屋顶，工作人员付出了别人看不到的辛劳。2楼的书架是采用预制混凝土制成的，防止火灾时火势蔓延，确保安全。

建筑物位于当地的准防火区域内，因此根据设施的规模，要求建筑物符合耐火建筑标准。为了使用日本扁柏木材作为木造屋顶的材料，需要通过耐火性能的验证。

2楼球形圆罩下的空间若有局部火灾发生，也被要求证明"即使在此处有火灾发生，也不会影响他处"。奥雅纳公司的三泽温说："球形圆罩为不可燃材质，且木造屋顶也是不会让火势延烧的设计。但是，万一球形圆罩着火，慎重起见，木造屋顶也通过了不会让火势蔓延的安全确认。"

关于书架的防火，为了确保发生火灾时的安全性，将书架分类群组化，着火时火势不会移转至群组以外的书架（照片9）。

为了证明书架的防火性能，他们进行了试验测试。将实际制作出来的书架按组排列，周边景物也按实际情况陈列，用燃烧器将书籍点燃并燃烧5分钟，确认了即使书籍燃烧，火势也不会蔓延超过书架群组的范围。而球形圆罩为聚酯材质制成，即使着火，火势也不会蔓延，可以自行熄灭。

照片9 预制混凝土书架

预制混凝土制成的书架。尺寸：长900 mm，宽540 mm，高1 450 mm。儿童用的高度为1 200 mm。书架里的分层板材质为不可燃材质，其将铁板夹住，上面再装上不可燃的日本扁柏纤维板。群组化的书架能防止火势蔓延。书架后面的球形圆罩是聚酯材质以三轴编织工法制成的不织布，不织布也使用了高防燃性的黏着剂。

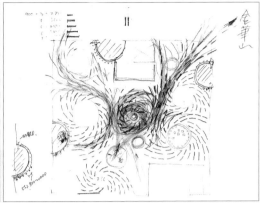

照片 10 书籍和人们在"小房子"聚集

书架的摆设配置（左图）与藤江所画的初期配置的草图（右图）。以磁铁与周围的铁沙为意象做建筑设计的概念。书架的摆设配置以书籍、人与空气聚集在此为意象。降低书架的高度，并确保书架间的道路宽度，以此提高建筑耐火性能。（资料来源：藤江和子艺术工作室提供）。

东建男说："在发生局部火灾的设定中，书籍放置的密度、书架里摆放什么书以及书架间隔的距离，也是规划重点。把书架的高度降低，将其分散配置于大空间中，使得书籍的密度降为一般情况的 1/2，这种设定有利于建筑提高耐火性能。（照片 10）"

其中对耐火性能影响最大的是 2 楼的家具设计。除了混凝土制的书架以外，还有各种措施（照片 11、照片 12）。藤江和子说："在着手设计冲绳国际海洋博览会的预制混凝土长椅之后，我们也开始设计制作更多同类家具。"借着设计经验，确认混凝土能够灌浆的最小厚度和尺寸等细节后，确定设计方案。

照片 11 日本扁柏纤维板包裹成的不可燃箱子

2 楼的杂志阅览区。杂志架这类家具，里面要收纳的是可燃物品。正因为表面贴有一层日本扁柏纤维板，才能被视为不可燃材料，组成箱子以防火势蔓延。藤江说："看似极为普通的家具，在建筑设计方面也须遵从耐火规则，技术难度相当高。"

照片 12 2 楼不可燃的日本和纸材质百叶窗

2 楼的百叶窗（左图）符合不可燃的标准。安东负责与制造商协调这些事项。使用经不可燃技术加工后的日本和纸，1 楼窗帘的聚酯纤维材质经过了防火的加工处理，其设计出自安东。

03

大分县立美术馆（日本大分）

委托方：大分县政府 施工：鹿岛、梅林建设 设计：坂茂建筑设计事务所

通过可动式展示空间达到室内、室外一体化

这是一座展览传统和现代美术作品的美术馆。为了打造让当地居民感到舒适亲切的空间，设计师坂茂将美术馆与外部相连的大规模可移动空间设置在1层。

在斜向的日本柳杉包裹的箱形空间之下，连接着一整排的玻璃开口。建筑主立面就面向日本197号国道，立面除了防风门厅的墙面以外，都做成可开闭的形式。将玻璃大门水平折叠开启，就能产生建筑内外连续的空间。

在1层创造出无柱子的空间

2015年4月24日，位于大分市中心的大分县美术馆开馆。负责设计的公司是坂茂建筑设计事务所。坂茂说："我们的目标是，与向来拘谨又难以亲近的美术馆划清界限，使该美术馆成为当地居民可以轻松走进的设施。"

该美术馆最大的特点是，灵活的1层空间能实现多种展示方式（照片1、照片2）。

资料保管室与办公室等空间都汇集在北楼，展示空间集中在南楼。南楼1层为企划展览室（展示室A）与挑高的中庭，2层有研修室与信息阅览区等，3层配置了馆藏展览室与企划展览室（展示室B）（照片3～照片6）。

其中，南楼的1层几乎全部为自由空间。通过43道可动墙，能够灵活使用空间。可以使用可动墙来围出封闭式的展示空间，也可设置咖啡厅或者商店，与中庭呈现一体化的开放式展示空间。

2014年11月实施试运营活动时的外观。右手边的人行天桥与对面的复合设施"Oasis Hiroba 21"相连（照片来源：除特别注明以外皆为平井广行提供）

玻璃门呈向上折起状态的南侧主建筑立面。面向道路的建筑外部与内部形成一个整体。玻璃面上有水平的遮阳板。

照片 1 可动墙封闭的 1 楼展示室外边
在一楼大厅。在用可动墙封闭的展示室内正在举行开馆纪念展。从天花板垂下来的黄色垂帘的左边可以看到展示室的入口。自动扶梯上去是二楼，二楼空间悬挂在三楼之下。

照片 2 展示艺术的挑高中庭
在企划展示室（展示室 A）之外配置的中庭大厅，设有咖啡厅和咨询柜台、博物馆商店。也展示着吊在天花板上的现代艺术作品等。

为了让 1 层的可动墙收起时能产生无柱子的空间，2 层采用从 3 层悬吊的结构。外围的柱子只需负担垂直力，所以能够保留大片玻璃。为此，在地下停车场的柱子柱头设置了免震层。此外，资料保管室使用斜撑与钢架来承受水平力，以加强结构的稳定性。

增强展示室与资料保管室的功能

大分县立美术馆是作为代替 1977 年建成的大分县立艺术会馆的设施。艺术会馆的建筑和设备老化，会馆也没有展示空间用来展示馆内收集的5 000 件藏品。此外，当地居民也强烈希望有一个宽广的会场，能举办文化活动。这些需求推动了打造"一个符合新时代要求、让人亲近的美术馆"（大分县立美术馆加藤康彦副馆长）的建设。

新美术馆与艺术会馆相比，展示室面积扩大了 3.1 倍，增至 3 883 m²，而资料保管室面积扩大了 3.4 倍，增至 2 330 m²。为了回应居民的期望，分别在馆藏展示室与企划展示室举行了从传统美术到现代艺术创作的综合展出。

开馆时，因日期紧邻五一黄金周，有高达49 000 人次来馆。7 月 20 日大分县举办开馆纪念展，邀请了县内所有小学生前来参观。

照片 3 开放的信息阅览空间区

悬吊式的 2 层空间配置有研修室、体验学习室与工作坊等供来馆者学习的空间。在摆放书籍的信息阅览空间里，也展示了椅子等家具。

照片 4 平静和谐的馆藏展览室

3 层的馆藏展览室，合成地板与胶合板基底上铺设了厚度为 20 mm 的橡木地板。空调风是从天花板侧吹出的。

照片 5 全部使用纸管装饰的咖啡店

面向挑高中庭的 2 层咖啡厅。其桌子、椅子、隔墙等都使用了坂茂最擅长的纸管。咖啡厅的外侧，能看到吊起楼板的并排白色柱子

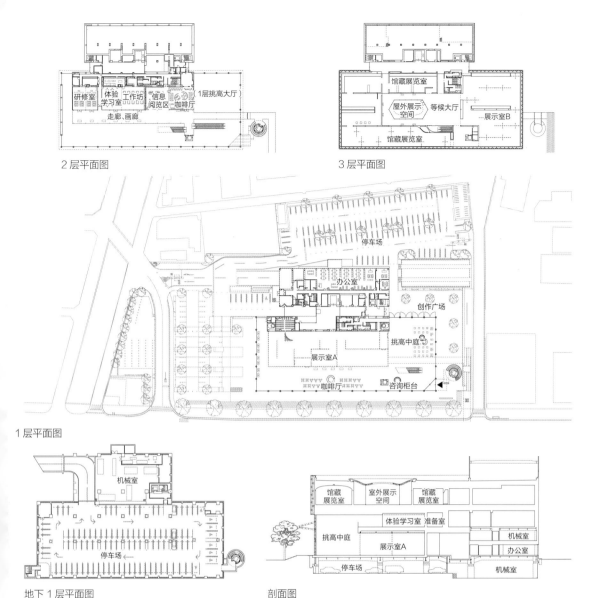

2层平面图

3层平面图

1层平面图

地下1层平面图

剖面图

大分县立美术馆

■所在地：大分市寿町2-1 ■主要用途：美术馆、人行天桥 ■地域、地区：商业地域、准防火地域 ■建筑密度：37.26%（容许：90%）■容积率：105.15%（容许455.37%）■邻接道路：南30 m ■停车数：250辆 ■基地面积：13 517.74 m² ■建筑占地面积：4 806.18 m² ■总建筑面积：17 213.37 m²（其中不算入容积率部分3 649.8 m²）■结构：钢结构、部分钢筋混凝土结构、木结构（柱头免震结构）■层数：地下1层，地上4层 ■耐火性能：耐火建筑物（地上1小时，地下2小时）■各层面积：地下1层4 332.86 m²，1层4 368.60 m²，中2层1 053.74 m²，2层2 711.32 m²，3层4 228.78 m²，屋面突出部分518.07 m² ■基础、桩：直接基础（美术馆）、钢管桩基（人行天桥）■高度：最高高度24.763 m，轩高23.705 m，层高

5.5 m（地下1层），7.0 m（1层），5.5 m（2层），5.5 m（3层），天花板高10 m（挑高中庭），5.5 m（展示室A），4.5 m（展示室B），4.0 m（馆藏展示室）■主要跨距：5.7 m×5.7 m ■委托者：大分县政府 ■设计：坂茂建筑设计事务所（含家具）■协助设计：奥雅纳（构造、设备），studio on site（景观设计），Lighting Planners Associates（照明），明野设备研究所（防灾），Communication Design 研究所（标识系统），二叶积算（造价工程）■施工：鹿岛、梅林建设（建筑），须贺工业、西产工业（空调），协和工业（卫生），九电工、鬼冢电气工事（水电工程），梅林建设（建筑外构造物），丰树园（造园）■运营：大分县艺术文化体育振兴财团 ■设计时间：2011年12月—2013年3月 ■施工时间：2013年4月—2014年10月（建筑物），

2014年5月—2015年3月（建筑外构造、造园）■开馆日：2015年4月24日 ■设计费：3.88亿日元 ■总工程费：80.78亿日元（建筑：53.04亿日元，空调：10.47亿日元）

设计者：坂茂

坂茂建筑设计事务所法人代表。1978年进入美国南加州建筑学院就读，1984年从柯伯联盟学院建筑系毕业。1982年开始在矶崎新工作室工作，1985年创立坂茂建筑设计事务所。2011年开始任教于日本京都造形大学。2014年获得普利兹克奖。

照片 6 用木格子覆盖 3 层大厅

连接馆藏展览室与企划展览室（展示室 B）的大厅。缓缓
弯曲的屋顶，是用防止结露的柳杉木材将扁钢包住，再
组成格子状的结构体，其上再用 3 层膜覆盖。

展现内藏钢架的柱与斜撑

有如巨大篮子一样的木格子，是由内部嵌入了钢架的集成材的柱子和大分县产的柳杉实木斜撑构成的。柱子与斜撑的木材都直接展现出来。对多层建筑而言，直接展现的木材能带来良好的效果。

照片7　用玻璃将木格子夹在中间的双层表皮结构

从3层展示室看到的木结构。在双层表皮内，留有维修人员通行的空间。

使用当地产的柳杉实木做成的斜撑和内嵌钢架的日本落叶松集成材柱子一同组装的结构，覆盖了3层的外围（照片7）。大分县立美术馆在3层部分出挑的木构架盒子，让建筑内外都给人深刻印象。大分县也强烈希望此建筑能利用当地产的材料。设计师坂茂说："我想尽可能地使用木材来做结构材料，而不仅仅是做装饰材料。赋予斜撑与柱子木材在构成木箱中起不同的作用。"

承担水平力的斜撑

斜撑的柳杉木是承受水平力的结构材料。使用的是断面120 mm×240 mm的柳杉实木，将两根杉木组合在一起使用。在日本建筑法规中，只承受水平力的斜撑不能当作主要结构，因此可以使用没有耐火材质包覆的实木。

这里所使用的柱子是在H型钢的外围以日本落叶松木材包裹的木质混合物的集成材。此集成材是获得当地政府认定的符合1小时耐火材料标准的产品。因为这里使用的落叶松集成材被耐火材料包覆着，所以发生火灾时，当火焰烧到H型钢前就能停止燃烧。

构成3层木框架的柱子，从1层、2层的柱芯向外出挑了650 mm。为了避免产生结构上的偏心情况，梁与3层的柱子以梁在柱子上方的状态相连（图1）。斜撑不固定在柱上，而是固定在梁上。这样就不会伤到内藏钢架的柱子外面的日本落叶松的集成材耐火材料。

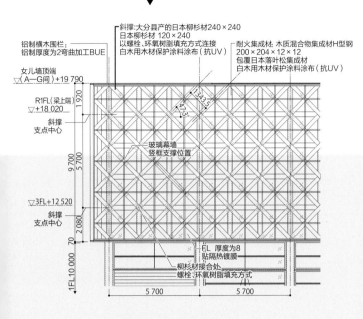

斜撑:大分县产的日本柳杉材240×240
日本柳杉材 120×240
以螺栓、环氧树脂填充方式连接
白木用木材保护涂料涂布(抗UV)

铝制横木围栏:
铝制厚度为2弯曲加工BUE

耐火集成材:木质混合物集成材H型钢
200×204×12×12
包覆日本落叶松集成材
白木用木材保护涂料涂布(抗UV)

女儿墙顶端
(A—G间)+19 790

R1FL(梁上端)
+18 020

斜撑
支点中心

玻璃幕墙
竖框支撑位置

3FL+12 520
斜撑
支点中心

FL 厚度为8
贴隔热镀膜

柳杉材接合处
螺栓、环氧树脂填充方式

1FL10 000

5 700   5 700

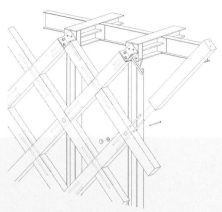

图1 结构上分离的斜撑和柱子

通过当地政府1小时耐火认定标准的耐火集成材柱子,木材种类上限定只能用日本落叶松与花旗松,所以无法使用当地的日本柳杉木。但是不作为主要结构的斜撑,就可以使用当地产的柳杉木,且木材不需要包覆耐火材质。因结构上的需要,出挑的梁之间要固定柱子。衔接梁的斜撑和柱子在结构上是分离的。(资料来源:坂茂建筑设计事务所、奥雅纳公司提供)

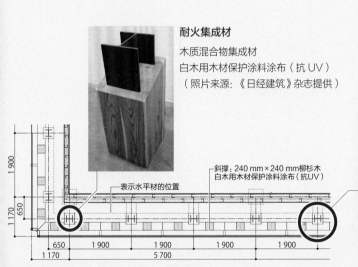

耐火集成材

木质混合物集成材
白木用木材保护涂料涂布(抗UV)
(照片来源:《日经建筑》杂志提供)

表示水平材的位置

斜撑:240 mm×240 mm柳杉木
白木用木材保护涂料涂布(抗UV)

650   1 900   1 900   1 900   1 900

1 170   5 700

照片8 在交叉点,将柳杉的斜撑切削后再嵌入

木格子施工中的情形。在斜撑和柱的交叉点上,将斜撑切削后再嵌入柱子,柱子厚度就能维持不变,确保耐火性能。

被固定在3层的梁上下两端的斜撑,中间有两处与柱子相交。在这个交叉点,将斜撑的木材削薄再嵌进柱子,就能让落叶松集成材保持原来的厚度(照片8)。选用截面为240 mm×240 mm的斜撑,是考虑到交叉点的厚度削减之后能保持结构耐力的尺寸。(撰写:守山久子)

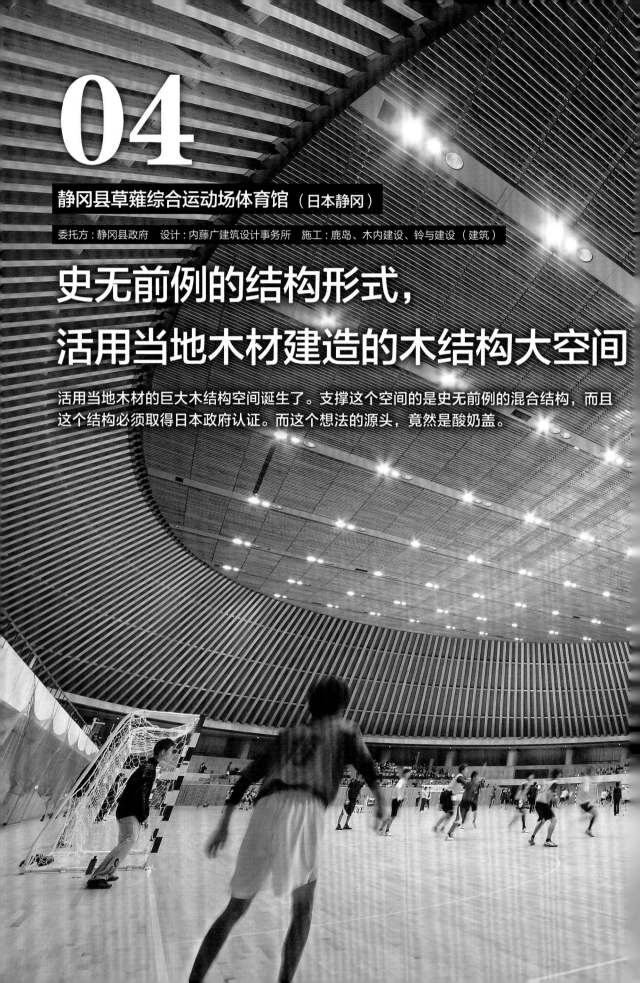

04

静冈县草薙综合运动场体育馆（日本静冈）

委托方：静冈县政府　设计：内藤广建筑设计事务所　施工：鹿岛、木内建设、铃与建设（建筑）

史无前例的结构形式，
活用当地木材建造的木结构大空间

活用当地木材的巨大木结构空间诞生了。支撑这个空间的是史无前例的混合结构，而且这个结构必须取得日本政府认证。而这个想法的源头，竟然是酸奶盖。

有 4 个篮球场大的主场馆。使用 256 根静冈县的天龙杉木集成材，排列成椭圆状，支撑着上面屋架。在百叶状天花板之上的是总质量 2350 t 的钢桁架的上层屋顶（照片来源：除特别注明以外皆为吉田诚提供）。

　　沿着椭圆状排列的 256 根集成材的构架，将 4 个篮球场大的主场馆和 2 700 个观众席包围住。其场地平面，椭圆长轴方向为 105 m、短轴方向为 75 m。由静冈县产的天龙杉集成材建成，1 根长度为 14.5 m，截面尺寸为 360 mm×600 mm，质量 1 t。

　　2015 年 4 月 2 日，在静冈市骏河区建造的静冈县草薙综合运动场体育馆竣工。在有 50 年建造历史的、已老化的旧体育馆旁，静冈县政府购入了新地，开始建造新体育馆。基地内有两座体育竞技场，从黑金属板所覆盖的外观来看，很难想到设施内竟然有如此宽广的木造空间（照片 1 ～ 照片 3）。

　　建筑物内，最吸引人的是能看到集成材排列的主场馆。空间的构造为钢筋混凝土结构、木结构与钢结构上下重叠的混合结构。在观众席的外围有宽 9 m、厚 50 cm 的椭圆形钢筋混凝土环状结构，在这之上的是木造的"下屋架"和钢桁架的"上屋架"。以 40°～ 70° 向内侧倾斜竖立的集成材支撑着总质量 2 350 t 的钢桁架（照片 4）。

照片 1　钛锌合金板的黑色外观

从东北方向看到的全景。右手边为主场馆，副馆场地在左边的小建筑里。外装是钛锌合金板的折板屋顶和纵折板屋顶。静冈县政府在旧馆旁购入新建设用地。

照片 2　钢结构的副馆

容纳一座篮球场大小的副馆，钢结构建筑的内装材料为天龙杉木材。也有市民说建筑外观很像富士山。

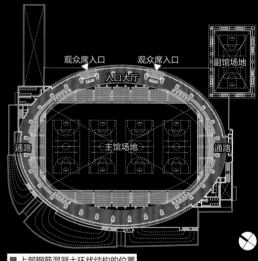

■ 上部钢筋混凝土环状结构的位置
■ 顶部有免震装置的柱子

2 层平面图

照片 3　入口大厅也是木造空间

设施南侧为入口大厅。墙面贴的是静冈县产的天龙杉木。从右手边的楼梯上去，会看到主馆场地观众席的 2层通道。

虽然建筑被装修材料遮盖无法看到，但是在木结构部分的外侧有钢制斜撑环绕，可以增强坚固性。结构上集成材只承受钢桁架的荷载，水平力是由钢制斜撑承担的。

构思发想源于酸奶盖

内藤广说："我是直接考虑了这个形状，这种情形对我来说很少见。"他在静冈县政府举行的竞标中，于2011年2月中标。通常内藤先生一定会亲临讲解方案，一边综合考虑基地、气候等条件，一边利用这些条件来设计，但是这个项目与以往不同。

在迫近方案提交期限的某日，喝杯装酸奶时取下来的铝箔圆盖吸引了他的目光。看着铝盖放射状的细小纹理，他想："如果把这个看成是木材会怎样？"接着，他把盖子中间的圆形切下，将圆形做成椭圆形，切下来的部分折成两半，变成斗笠的样子再放回去，"变成了有趣的形状"。

照片4 同样尺寸的集成材以不同角度排列

全为相同尺寸的集成材，长14.5 m、断面360 mm×600 mm，可降低制作上的精度，并提高效率。每根以40°～70°不等的角度倾斜。

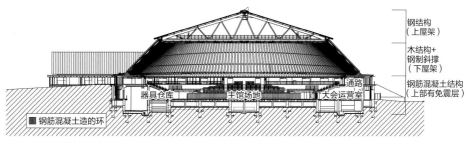

东西向剖面图

照片5 分散钢桁架荷载

木结构的下屋架与钢桁架的上屋架的衔接处。钢桁架的荷载分散传递至木结构。天花板的百叶木材，使用的是制作集成材的余料。结构部分的集成材与天花板的百叶都没有经过不可燃处理。

照片6 无加工的集成材端部

集成材的最下端固定在钢筋混凝土环上。木材的端部没有进行加工处理，直接嵌入钢制盒子里。

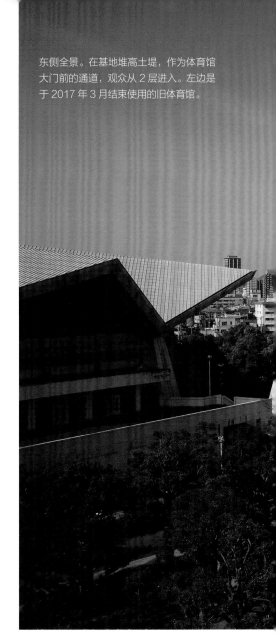

东侧全景。在基地堆高土堤，作为体育馆大门前的通道，观众从2层进入。左边是于2017年3月结束使用的旧体育馆。

内藤一边看着模型一边研究力的方向，思考着结构形式。在环状钢筋混凝土结构的基础上，放上木结构的下屋架与钢桁架上的屋架的结构，就是在这个阶段决定的（照片5、照片6）。

一般来说，大空间的木造结构多半是用钢结构等骨架结构支撑轻盈的木结构。为什么这里会使用相反的结构呢？内藤说道："无法完全分析掌握，也较难进行精度管理的木材，最好不要有这么大的跨距。对于结构设计和施工都必须达到高标准的顶部，最好还是使用钢结构。"但正是因为这个特殊结构，要将其实现出来，就必须通过审核。最终，在环状钢筋混凝土结构体上加免震层才通过了当地政府的审核。

东京奥运会的训练基地

除了作为结构体的集成材之外，天花板和墙壁的百叶等所使用的木材，多达 1 000 m³，都是静冈县产的天龙杉木材。静冈县公园绿地课的松浦贤实说："虽然建筑对木材有大量的需求，但从早期阶段开始，在县内林木相关从业者的共同努力下，顺利地筹措到了足够的木材。就体育馆功能来说，以体育活动为首，也拓展了多元的使用方式。"作为多元使用的一环，该体育馆也成了一些参加2020年东京奥运会的国家和地区的训练基地。

通路　　　　　　　　　　　　　　　　　　　　　　　　　　通路
通路　更衣室　　　　　　　　　主馆场地　　　　　　　更衣室　通路

■钢筋混凝土造的环

南北向剖面图

静冈县草薙综合运动场体育馆

■所在地：日本静冈市骏河区栗原 19-1 ■主要用途：体育馆 ■地域、地区：市街化区域、第二种高度地区 ■建筑密度：18.40%（允许 52.08%）■容积率：28.06%（允许 110.40%）■邻接道路：西 20 m ■基地面积：205 812.61 m² ■建筑占地面积：9 701.44 m² ■总建筑面积：13 509.33 m² ■结构：钢筋混凝土结构、木结构、钢结构 ■层数：地下 1 层、地上 2 层 ■耐火性能：1 小时耐火建筑物 ■各层面积：地下 1 层 749.06 m²，1 层 8 783.96 m²，2 层 3 976.32 m² ■基础、桩：钢管桩基 ■高度：最大高度 28 m，轩高 7.9 m，楼高 4.75 m，天花板高 2.45 m ■主要跨距：103 m×76 m ■委托者：静冈县 ■设计：内藤广建筑设计事务所 ■协助设计：KAP（构造）、森村设计（设备）、明野设备研究所（防灾）、唐泽诚建筑音响设计事务所（音响工程）■施工：鹿岛、木内建设、铃与建设（建筑）、大成温调、大和工机制作所（机械）、SANWA COMSYS Engineering Corporation（水电工程）■运营：静冈县体育协会 ■设计时间：2011 年 3 月—2012 年 7 月 ■施工时间：2012 年 12 月—2015 年 3 月 ■开馆时间：2015 年 4 月 ■设计费：1.953 亿日元（设计 1.397 亿日元，监造 0.556 亿日元）■总工程费：57.2 亿日元（建筑 4.5 亿日元、机械 8.7 亿日元、电气 4 亿日元）

设计师：内藤广

内藤广建筑设计事务所代表。1950 年生。1976 年毕业于日本早稻田大学。曾在菊竹清训建筑设计事务所工作。1981 年成立内藤广建筑设计事务所。2002—2011 年任教于日本东京大学。现为东京大学名誉教授（照片来源：《日经建筑》杂志提供）。

施工实景。钢制斜撑承受水平力
（照片来源：安川千秋提供）。

施工实景。围绕场馆的 256 根天龙杉
集成材（照片来源：安川千秋提供）。

专栏5

钢筋混凝土环状结构是耐火和构造的关键

钢筋混凝土结构、木结构与钢结构的混合结构组成的大空间，通过3个日本政府的审核标准而得以实现。能够达到审核标准的关键是周边围绕的钢筋混凝土环状结构。

这个体育馆达到了结构、耐火和避难安全的三个政府审核标准。但无论哪一个都需要进行个别检验。特别是结构和耐火审核，因与设计有很大关系，所以要反复进行试验。

满足这些标准的关键，就是围绕体育场建造的宽9m、厚50cm椭圆状钢筋混凝土结构环。256根集成材的底部都放在这个环里。

在木结构的耐火设计上，使用了政府认定的验证法"途径C"。有两种通过验证要求的方法：一是不让木材着火；二是即使着火也能自然熄灭，让主要结构不会倒塌。

这里使用的是第一种方法。其重点是设想火源到木材的垂直方向距离。根据当地法规，如果有7m左右的距离就能避免木材着火。途径C虽没有要求遵从法规标准，但是以此数值作为参考。

负责防灾设计的明野设备研究所（东京都中野区）企划部的土屋伸一总工程师说："这个项目的困难之处在于，木材向着空间的内侧倾斜。"他们的课题是，当火源出现在2层走廊或观众席时，该如何确保着火点到集成材的距离？

解决这个问题的是承载着集成材的钢筋混凝土环状结构。钢筋混凝土环状结构从木材底部的衔接处向内侧出挑2m（照片7）。此部分成为遮挡火势的"阻止火焰区域"，即使在正下方发生火灾，火焰也无法直接烧到木材。2m的出挑宽度确保了火源到集成材有7m左右的距离（图1）。

实际上，钢筋混凝土环状结构是内藤先生提出的结构系统的一部分，但最初的宽度较窄。根据耐火设计将宽度扩大到9m，能在结构上起到更好的作用。

照片7　用钢筋混凝土环状结构作为"阻止火焰区域"

钢筋混凝土环状结构，如屋檐一样向内侧空间出挑约2m。其用意是即使火灾发生，火焰也无法直接烧到木材。

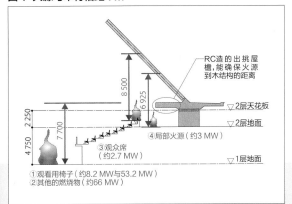

图1 火源与木材相距 7m

- RC造的出挑屋檐，能确保火源到木结构的距离
- 2层天花板
- 2层地面
- ④局部火源（约3 MW）
- ③观众席（约2.7 MW）
- 1层地面
- ①观看用椅子（约8.2 MW与53.2 MW）
- ②其他的燃烧物（约66 MW）

8 500
6 925
2 250
7 700
4 750

在耐火设计中，使用的验证法是途径 C。对于局部火源，木材无论哪个部位，距离火源的垂直距离都约7 m 以上（资料：以明野设备研究所的资料为基础，由《日经建筑》杂志制作）。

照片 8　承载着巨大屋顶的免震层

在 2 层排列的 32 条钢筋混凝土柱的顶部各设置了两个免震装置。在这之上的是支撑屋顶的钢筋混凝土结构环。

木结构大空间中的中间免震层

　　担任结构设计的 KAP（东京都涩谷区）的冈村仁在回顾一度陷入僵局的结构设计时表示："如果屋顶摇摇晃晃，就会变得很麻烦。"高标准的耐震强度是一个难题。静冈县在耐震设计上所使用的地震地区系数为 1.2，在日本全国范围内属于最高。在公共设施的体育馆方面，该数值为 1.25，耐震强度要求为一般建筑物的 1.5 倍。

　　如果受到那种程度的地震作用，会使柔软的木结构上部剧烈摇晃。虽然上屋架的钢桁架能将力分散，或用集成材本身的强度吸收部分力，但这样还是不够。冈村说："越是想要提高强度，木结构

补强的钢制斜撑或接合五金就会变得越大。最后反而像木材添加在钢制斜撑上，设计完全陷入僵局。"

　　内藤广提出的解决方案是：承载着木结构的钢筋混凝土环状的免震结构。为此，钢筋混凝土环状结构需要一定的宽度，因为防火而扩大到 9 m 宽度的设计此时派上了用场。如果有 9 m 宽，就可以做免震设计，所以没有进行大幅度设计变更就解决了问题。

　　免震装置设置在 2 层的 32 个混凝土柱的顶部，每个柱子上设置了两台免震装置（照片 8）。木结构的大空间中，中间层作为免震层是史无前例的，以这个方式为切入点，进行结构计算，达到了政府的结构审核标准。（撰写：松浦隆幸）

有来访者入口的南侧外观。左手边的主场馆的屋顶，根据途径 C 要求设置了必需的排烟口。

05

益子休息站（日本栃木县益子町）

委托方：益子町　设计：Mount Fuji Architects Studio　施工：熊谷组

用当地产的木材和土
仿造出有如山脉一般的大空间

建筑物的形状和使用的材料等，都来源于休息站周围的素材。集成材的屋顶架构、下部周围的土墙，都是使用当地产的木材和土。在运营方面，其目的是开展社区建设的各式活动。

被分成3列的并排断面集成材架构所覆盖的大空间。农产品和加工品的直销区所、当地艺术家的作品展示、观光与移居咨询处等都聚集在此（照片来源：除特别注明以外皆为吉田诚提供）。

照片 1 建在山峦包围的水田地带里

在南侧山腰所看到的景象。被周边山峦包围的田园地带，有水田和草莓园。

照片 2 映照山峦

南向正面外观。山墙在整面的钢制窗框里装设了大片玻璃。能看到玻璃映照着前方的山脉。屋顶最大高度近 10 m，有 14.4 ~ 31.6 m 不等的 5 种跨距。

2016 年 10 月 15 日，以烧烤闻名的栃木县益子町的益子休息站开业了。虽然它是栃木县的第 24 个休息站，但在益子町是第一个。休息站在水田地带的正中间，是一栋山形屋顶的平房建筑（照片 1）。

负责设计的 Mount Fuji Architects Studio 公司的原田真宏说："因为是镇上第一个休息站，希望创造具有当地风格的设计。我想利用周围风景中的形状和材料，让建筑好像是从这片地面长出来的一样。"

缓缓倾斜的屋顶形状，仿造是水田地带周边的绵延山脉。如果站在整面玻璃的建筑物前面，可以看到随着角度与时间变化，周围的山峦会映射在玻璃上，透过玻璃也可以看到后面山峦的轮廓（照片 2）。

屋顶是由大小不同的 8 片山形屋顶组成的。横向相接 2 ~ 3 片屋顶，再将它们重叠成 3 列，使之产生自然山峦般的感觉。构成山形屋顶的梁，使用的是当地的日本柳杉集成材，跨距为 14.4 ~ 31.6 m 之间的 5 种尺寸。即使跨距不同，也用同一种断面尺寸的集成材组成架构。通过改变集成材之间的距离，来控制不同跨距的架构强度（图 1）。

在墙的另一边会遇到什么

负责人神田智说："许多休息站都为分栋式，但是这座建筑所有东西都在同一个空间，容易运营。"因为没有租用者，休息站由町委员会第三部门直接经营。神田说："作为直接经营模式，将直销区、餐厅、观光信息等各种要素互相串联起来，也能影响整体地区建设。如果是一个整体的空间，就能更容易将信息传递给来访者。"

空间中没有隔断，是在设计早期阶段察觉到的。设计师原田真宏说："因为知道是综合用途，所以将其作为一个整体空间来设计。我们将这里设计成来访者在其中漫步就可能会遇到什么新事物的地方。"

益子 · 益子町委员会
真冈铁道
益子休息站

0   2km

内部空间被随处耸立的高2.5 m的墙壁大致分为几块。每一面墙壁都是支撑屋顶的混凝土墙体。泥瓦师傅使用当地的泥土涂在混凝土墙上作为最后的表面装饰。来访者像被墙吸引一样，来回漫步"穿越"到另一个空间时，会遇到餐厅、企划展示等不同的区域（照片3）。

这座建筑物的特征是，把厕所配置在一个建筑物中。通常休息站能得到多个援助机构的资金扶持，因负责各资助项目的行政部门不同，所以休息站的厕所大多分栋设置。

图1　同截面的集成材做成大小不同跨距

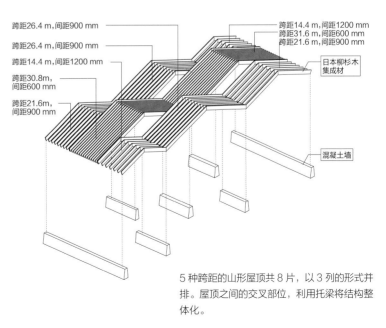

跨距26.4 m,间距900 mm

跨距26.4 m,间距900 mm

跨距14.4 m,间距1200 mm

跨距30.8m,间距600 mm

跨距21.6m,间距900 mm

跨距14.4 m,间距1200 mm

跨距31.6 m,间距600 mm
跨距21.6 m,间距900 mm

日本柳杉木集成材

混凝土墙

5种跨距的山形屋顶共8片，以3列的形式并排。屋顶之间的交叉部位，利用托梁将结构整体化。

照片3 混凝土墙是隔开空间的"山"

支撑山形屋顶的高2.5 m的混凝土墙体隔开空间。因为天花板很高，所以采用以活动区域为主的空调系统和从窗户或空间周围送风的空调系统。

剖面图

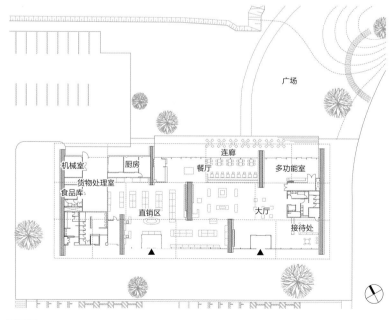

平面图

设计最初，计划将厕所放在休息站里。设计师原田麻鱼说："从使用者的角度来看，最好是内部配置厕所。虽然也有分栋方案，但与栃木县政府和益子町委员会反复讨论的结果是，厕所配置在一个建筑物中。"

深入带动当地整体发展

因为是装玻璃的大空间，天花板最高高度超过9.3m，所以关于空调系统，当初考虑维护管理费用与居住性能进行了设计。空调从混凝土墙壁上方吹出，再利用玻璃窗进行换气，再在开口部位周围采用从窗户或空间周围送风的空调系统，利用地板的出风口让空气循环，还设置了让全年都能保持温度稳定的地板吹出式空调（照片4）。

开业后访客很多。第一年的目标客流量35万人次，营业额3亿日元。开业不到1个月，客流量已有10万人次。现在，神田经理考虑的是，如何带动当地的社区建设？"即使举行活动，也希望影响力不是点状，而是能扩展到线状或面状。希望这里不仅是观光点，也能深入带动当地发展。"

照片 4　餐厅的大开口
能看见北侧餐厅部分的屋顶结构。屋顶梁跨距为 26.4 m、间距 900 mm，架构相连。

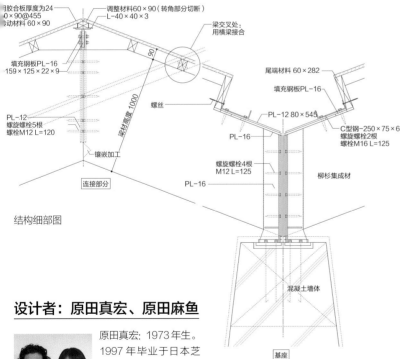

胶合板厚度为24
0×90@455
动材料 60×90

调整材料60×90（转角部分切断）
L-40×40×3

梁交叉处；
用横梁接合

填充钢板PL-16
159×125×22×9

尾端材料 60×282

填充钢板PL-16

梁材高度 1000

90

PL-12 80×545

螺丝

PL-12
螺旋螺栓5根
螺栓M12 L=120

C型钢-250×75×6
螺旋螺栓2根
螺栓M16 L=125

PL-16

镶嵌加工

螺旋螺栓4根
M12 L=125

柳杉集成材

连接部分

PL-16

结构细部图

混凝土墙体

基座

益子休息站

■所在地：日本栃木县益子町长堤 2271 ■主要用途：休息站 ■地域、地区：城市规划区域外 ■建筑密度：8.86%（许容 60%） ■容积率：7.37%（许容 200%） ■邻接道路：南 9.1 m ■停车数：150 辆 ■基地面积：18 011.88 m² ■建筑占地面积：1 595.26 m² ■总建筑面积：1 328.84 m² ■结构：钢筋混凝土结构 ■层数：地上 1 层 ■耐火性能：外墙耐火构造 ■基础、桩：筏式基础、独立基础 ■高度：最大高度 9.953 m，轩高 2.588 m，天花板高 3.394 ~ 9.319 m ■主要跨距：31.6 m×8.58m ■委托者：益子町 ■设计：Mount Fuji Architects Studio ■协助设计：奥雅纳（结构）、TETENS ENGINEERING CO.,LTD（设备工程）■施工：熊谷组 ■合作施工：岩原产业（机械）、九电工（水电工程）、Japan Kenzai Co.,Ltd.（木工工程）、大幸建设、Kawada Sash Industrial Corporation（以上为钢制门窗、玻璃工程负责公司）、久住有生左官（泥作工程）、Emu Dezain Entapuraisu（金属、内装工程）、景月（涂装工程）、Tanico（厨房机器）、栃木县集成材协业组合（集成材制造）、益子烧协同组合（土材料）、竹村钢材（钢制建材计划协作）■运营：益子町 ■设计时间：2013 年 8 月—2015 年 8 月 ■施工时间：2015 年 9 月—2016 年 9 月 ■开业日：2016 年 10 月 15 日 ■总工程费：8.156 亿日元

设计者：原田真宏、原田麻鱼

原田真宏：1973 年生。1997 年毕业于日本芝浦工业大学。曾在隈研吾建筑设计事务所工作，2004 年与原田麻鱼一起创立 Mount Fuji Architects Studio 公司。

原田麻鱼：1976 年生。1999 年毕业于日本芝浦工业大学。

北侧的夕阳景色。如山峦一样的缓缓倾斜的屋顶相互
重叠，使其具有深度。

专栏6

木材先行预定，陶土部分交给壁面泥瓦工

山形屋顶使用当地木材。支撑屋顶的混凝土墙体的最外层，也是用当地的土来做修饰。从木材的采伐到制作，泥瓦工所使用的土是通过益子烧协会得到的陶土。

像山脉一样的屋顶除了形状源于周围的素材，就连材料也是从周围的山上就地取材的。组成架构的断面集成材，由八沟杉制作而成。从栃木县北部到福岛县盛产八沟杉，其自古以来就是优质的建材。

木材以益子町当地的林木为主，不够的部分由邻县提供。由于县内有制作大截面集成材的设备，所以不用把本地产的木材送到外地加工。大截面集成材的截面尺寸为高1 000 mm，宽135 mm（照片5）。

近年来，利用当地材料建造的大型建筑增多，使用木材的项目在工程订单中处于领先地位的，大多是公共建筑。由于获取木材需要一定时间，因此以设计施工为主的公共建筑，因工程所需的材料，往往会赶不上工期。

在施工的前一年，益子町就预定了木材。从采伐到集成材的制作都在项目开工之前完成。由于材料要由施工人员施作，因此在设计阶段，需要仔细地检查，以免在施工时发生问题。原田真宏回顾说："在下单施工后，在没有改变构件尺寸和材料的情况下进行检查，然后预定木材。"

8片山形屋顶的跨距为14.4～31.6 m不等，但是以同样断面尺寸的集成材构成，所构成的简洁架构衔接的方式也相同，这是因为要避免发生因施工顺序错误而进行修正或者出现问题的情况。

建筑泥瓦工使用陶土

益子烧（陶器）颇负盛名，在这里能得到适合烧窑的陶土。土也是象征益子地区的素材之一，从2009年开始，这里会定期举行叫作"土祭"的活动。

益子休息站是以利用地方材料为设计目标的，因此使用了益子土，作为混凝土墙体的装饰材料（照片6）。负责泥瓦施工的是以兵库县的淡路岛为基

照片5　当地木材做成的大截面集成材

对应不同大小的跨距，架构间距有三种，分别为600 mm、900 mm、1 200 mm（左图）。使用的大截面集成材是由当地的八沟杉木材制作的。（照片来源：两张皆为Mount Fuji Architects Studio 提供）

照片 6　土与木

木材就像自然生长的、站立在地面上的树一样，涂着土的混凝土墙体，将集成材的构架支撑起来。

地，在日本各地都有活动的泥瓦工人久住有生先生。

原田真宏和久住先生在考察益子的土壤后，就在寻找颜色和强度适用于墙面的陶土（照片 7）。陶土与建筑上泥瓦所用的土不同，陶土比较柔软，也难施工。另外，由于陶土是受到有关部门管理的，不能作为建筑材料。后来得到益子烧协会的帮助，以特殊渠道购入。

施工方面，也请了当地的泥瓦工一起施工，与久住先生共同作业（照片 8）。原田真宏说："其目的之一，是从调配土的比例阶段，就让当地的泥瓦师傅一起施工，将来如果需要修缮保养，他们也知道应该怎么做了。"

负责运营的神田经理也表示："利用当地的木材与土壤的手工质感，是这个设施的一个特点。当地人都非常喜欢。"（撰写：松浦隆幸）

照片 7　改用陶艺用土

泥瓦工久住先生等人，到处寻找能够作为建筑泥瓦材料的陶土。（照片来源：照片 7、照片 8 均为 Mount Fuji Architects Studio 提供）

照片 8　与当地的泥瓦工一同施工

为了能应对将来的维护保养，当地的泥瓦师傅从土的比例调配开始就参与了施工。

06

住田町镇政府（日本岩手县住田町）

委托方：住田町政府　设计、施工：前田建设工业、长谷川建设、中居敬一都市建筑设计　设计协助：近代建筑研究所、Holzst

用桁架梁与格子墙做出大跨度的木结构办公楼

2014年，位于岩手县内陆位置的住田町的木结构政府办公楼完工。使用长度与粗细都有限制的构件，组成像凸透镜一样的桁架梁与格子墙。实现了可以应对各种需求的大跨度木结构建筑。

住田町镇政府的南面外观，像凸透镜一样的桁架梁支撑着大屋顶。（照片来源：特别注明以外皆为吉田诚提供）

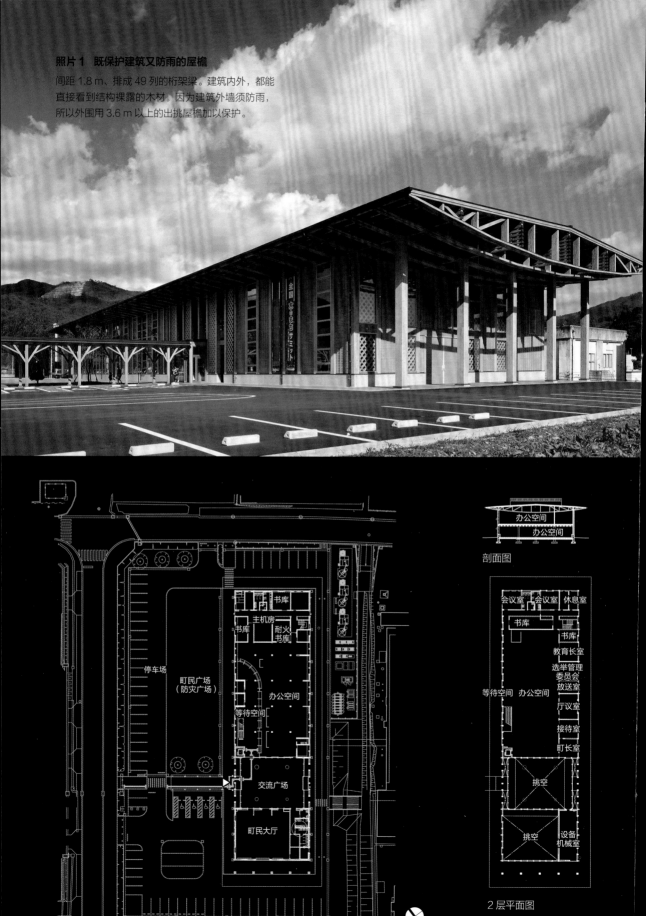

照片 1 既保护建筑又防雨的屋檐
间距 1.8 m、排成 49 列的桁架梁。建筑内外，都能
直接看到结构裸露的木材。因为建筑外墙须防雨，
所以外围用 3.6 m 以上的出挑屋檐加以保护。

办公空间
办公空间

剖面图

停车场

町民广场
（防灾广场）

书库

书库

主机房

耐火
书库

办公空间

等待空间

交流广场

町民大厅

会议室 会议室 休息室

书库

书库

教育长室

选举管理
委员会
放送室

厅议室

接待室

町长室

等待空间 办公空间

挑空

挑空

设备
机械室

2 层平面图

2014 年 9 月，被森林包围的岩手县东南部的住田町的新政府办公楼完工了，为地上 2 层、地板总面积 2 900 m² 的木结构。该建筑为长 76 m、宽 22 m 的长方形建筑，用凸透镜形状的桁架支撑着出挑极深的屋檐（照片 1）。

该建筑主要结构是以集成材组装而成的。约 711 m³ 的结构材料中，约有 70% 是使用住田町产的柳杉木和落叶松木材。在边缘燃烧设计方面（即使表面燃烧，在结构耐力上也不会产生影响的截面设计手法）为耐火建筑，结构木材没有被其他装饰材料掩盖，内外都能直接看到。

住田町总务科建设室的菅野享一说："约从 10 年前开始，当地致力于振兴木材产业。从那时开始，我们就有打造一个室内、室外都能直接看到木结构的建筑构想了。"

1957 年建造的旧办公楼是钢筋混凝土结构的。旧楼在东日本大地震时不能作为灾害应变中心，因此当地政府决定建造一个新办公楼。为了尽可能在短时间内完成，2012 年秋，在旧办公楼的旁边实施了公开招标。之后选定了由前田建设工业等 3 家公司联合建造。

依据投标条件，联合建筑的公司数量要求为"3 家公司以内"。实际上，加上从最初开始负责建筑设计和结构设计的两家公司，共计 5 家公司合作。

坚固的木结构骨架

担任建筑设计的近代建筑研究所的负责人松永安光说："今后，此建筑将要使用几十年的时间，因此需要先准备一个能够灵活应变的大空间。"

正如他所说，这座建筑物是由 4 个简洁的大空间构成的。在

照片 2　挑高 2 层的大空间
正对着入口的挑高 2 层的广场。当地居民赠送的 4 根树龄 60 ～ 140 年的柳杉木的圆柱，与结构分离，成为独立且不影响建筑结构的构件。

照片 3　外露结构材料的耐火建筑物
内部没有柱子和承重墙的 2 层办公空间。除了固定空调设备等地方，天花板没有使用装饰材料。使用边缘燃烧设计的准耐火建筑物，将桁架梁与柱子等主要结构直接裸露出来。

建筑物的南侧，有挑高 2 层的广场和町民大厅的两个大空间（照片 2）。办公室的北侧，在建筑物的尾端为承重墙，而 1、2 层都是 700 m² 以上的大空间。也能够使用隔断将空间隔开（照片 3）。

能实现木结构这种柔软性较强的大空间，说明设计者在结构设计与防火设计上花了许多心思。

在结构上的巧思是，覆盖建筑物桁架梁与外墙的承重墙。桁架梁使用长约 5 m 的中截面构件所组装的结构，拉开相当于建筑

宽度 21.8 m 的跨度。此外，在外墙方面配置了两种形式的承重墙：结构用胶合板固定的承重墙，以及能让光和风通过的斜格子状的承重墙。墙体倍率前者约 14 倍，后者约 9 倍。岩手县内的建筑通常要求 1.25 倍的抗震强度，但是这个建筑物凭借坚固的骨架，确保了 1.5 倍的抗震强度（照片 4、照片 5）。

照片 4 挑高大厅的长柱，使用的是两根并在一起的中截面木材

挑高 2 层的町民大厅。在紧急状况下，也能当作灾害应急中心使用，卡车、货车可从正面的门进出。四周的长柱，是截面尺寸为 150 mm × 300 mm 的日本柳杉木集成材，两根并在一起使用。

照片 6 从材料的筹措与使用的便利性来决定跨度的大小

1 层的办公室有支撑 2 层楼板的柱子，间距 7.2 m 排列。而这 7.2 m 的跨度，是由能够得到的梁材的长度，以及部门内配置桌椅的距离决定的。

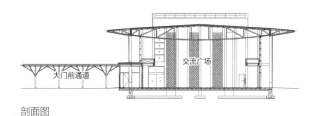

剖面图

没有防火面积区划的大空间

接下来就是免除防火分区。这个建筑物并不是防火特殊建筑物。因此，只有规模受到防火规定限制。日本的相关法规中，要求总建筑面积 3 000 m² 以下的 2 层建筑要有 1 500 m² 的防火分区（为了防止火灾发生时火焰急剧地燃烧的设施）。但是，如果按使用面积区划，很难制造高弹性的大空间。

日本法规规定，建筑内如果设置消防喷淋系统，防火分区里可以免除一半的楼板面积。办公楼总建筑面积（约 2 900 m²）的一半约 1 450 m² 可被免除，剩下的面积少于 1 500 m²，所以不需要防火分区。既不会影响空间弹性，也不用在建筑内设置防火卷帘门等的防火设备（照片 6）。

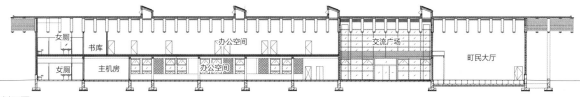

剖面图

照片5 光与风都能通过的斜格子承重墙

因拥有独特架构的木结构，在设计施作的过程中，也使用了建筑信息模型。前田建设工业建筑的铃木章夫说："对相关人士，或是对现场施工的工人们，可以很容易地传达木材的施工组装样式，建筑信息模型对木结构的施工而言，的确非常有帮助。"

由当地居民共同建造的住田町的政府办公楼，预计在挑高2层的交流广场举行各种活动。

西面落日风景。随处可见的斜格子墙，相当于壁倍率（壁倍率：抵抗变形的侧向力）为9倍的承重墙。以截面90 mm的柳杉木集成材构成。光与风都能通过的承重墙，是由负责结构设计的稻山正弘先生与接合五金制造的Grandworks Inc.公司共同开发的。

设计者：铃木章夫

前田建设工业建筑事业本部企划开发设计部长。1959年生。1983年毕业于日本早稻田大学理工学部建筑学科，之后进入前田建设工业工作。主要负责办公、商业、能源相关设施的设计与城市开发项目。

设计者：松永安光

近代建筑研究所负责人。1941年生。1965年毕业于日本东京大学工学部建筑学科。1972年于美国哈佛大学毕业后，跟随芦原义信先生工作。1992年创立近代建筑研究所。设计过中岛花园等。2011年开始担任HEAD研究会理事长。

住田町镇政府

■所在地：岩手县住田町世田米字川向88-1 ■主要用途：政府办公楼 ■地域、地区：城市规划区域外 ■建筑密度：30.7%（无指定）■容积率：36.6%（无指定）■邻接道路：西北14.5 m、东北9.0 m ■停车数：61辆 ■基地面积：7 881.03 m² ■建筑占地面积：2 405.42 m² ■总建筑面积：2 883.48 m² ■结构：木结构 ■层数：地上2层 ■各层面积：1层为1 682.79 m²，2层为1 200.69 m² ■基础、桩：直接基础 ■高度：最大高度11.23 m，轩高8.83 m，层高3.85 m，净高3.51 m ■主要跨度：7.28 m×5.46 m ■委托者：住田町政府 ■设计：前田建设工业、长谷川建设、中居敬一都市建筑设计 ■设计协助：近代建筑研究所（设计）、Holzstr（结构）■监管：松田平田设计 ■施工：前田建设工业、长谷川建设、中居敬一都市建筑设计 ■施工协助：岩手电工（水电工程）、双叶设备Andosabisu（空调、卫生）、中东、住田住宅产业、坂井建设，以上为木结构组装施工单位。中东、三陆木材高次加工、SANRIKU LUMBER，以上为集成材制作单位。中东、KESEN PRECUT事业、秋田Glulam，以上为预切施工单位 ■运营：住田町政府 ■设计时间：2012年12月—2013年7月 ■施工时间：2013年8月—2014年8月 ■运营日：2014年9月16日 ■设计费：0.572亿日元 ■工程费：11.914亿日元

教育委員会 ⑩

2 层办公室为 600 ㎡ 左右的无柱空间。可看到天花板由长达 21.8 m 的跨度有如凸透镜形状的桁架梁构成。桁架梁没有使用弯曲的集成材，而是以 3 条长约 5 m 的中断面的落叶松集成材为一组所构成。

专栏7

以在当地生产、当地消费为目标

因为住田町是木材产地，所以设计团队从一开始就想使用当地的木材。除了考虑到当地的森林资源和林业相关设备之外，还考虑了完工后的维护管理，目的是将该建筑设计成"町内能自给自足的木结构建筑"。

为住田町镇政府办公楼提供了结构用集成材的制造厂三陆木材高次加工营业部的绀野利胜课长说："在自己的家乡建设，而且又是大型的木结构建筑，对我们来说很新鲜。"他们平常做的是一般住宅用的中、小截面集成材。木材一旦出厂之后，也不会再对使用情况进行追踪。但这次的使用成品就在住田町政府，是与自己生活贴近的地方。政府办公楼现在成为他们向客户介绍产品的"样板间"。

负责设计的近代建筑研究所的高山久先生说道："我们从提案时，就计划建造一个与地区产业密切相关的木结构建筑。"工程开始时，他就常驻工地，一边安排调整参与此建设的当地企业，一边开展监督工作。

用中截面材实现 21.8 m 的跨度

负责构造设计的 Holzstr 负责人、东京大学研究所木质材料学研究室教授稻山正弘先生说："设计团队从一开始就有很强的地区意识。从原木的采购、制材、预先裁切，到建设与维护管理，当地的企业在每个环节都参与其中。我想，这展现了公共设施的本来面貌。而此建筑体现了这个理念。"

稻山先生所说的是，在此地区内制作木结构的生产过程。设计团队对当地可以供应的木材、制材、集成材厂商、预切工厂等事先做了调查，希望在此地区能够实现生产线齐全，但很难筹集到大量的大截面、长尺寸的木材与集成材。稻山先生说："关键是要如何使用最长只有 7 m 的中截面木材，来创造大空间。"

照片7 在当地进行集成材的制作以及工厂预切施工

构成桁架梁的落叶松集成材制作、预切，都在当地的工厂完成。各构件都是以人力运送到现场再安装。（照片来源：右边两张为近代建筑研究所提供）

图1 长7m以下的中截面集成材组成的结构

各结构组件是由2~3根长7m以下的中截面木材组搭而成。桁架梁为落叶松，柱子为柳杉木的集成材。除了部分接合处，其余都使用普通的接合五金。（资料来源：近代建筑研究所提供）

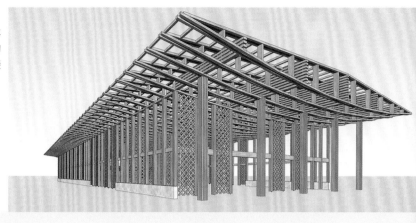

以跨度21.8 m，间隔1.8 m排成49列的桁架梁是建筑的特征之一。各桁架梁是以1根截面尺寸为240 mm×120 mm的集成材，两侧夹2根150 mm×120 mm的集成材，3根构件为一组的结构。各构件的长度是5 m左右。两侧和中央的集成材两端错开，互相咬合连接，能够创造大跨度的空间。下弦材看起来是曲线状，但都是由直线的构件组成的（照片7、图1）。

不仅是结构材料，就连用作表面材的柳杉木，从取材到施工，也是在当地进行的。承重墙的外装材"雨淋板（鱼鳞板）"，也是由当地的住田住宅产业设计与施工的（照片8）。该公司的佐佐木一彦说："正因为是当地的大型设施，木工师傅们的干劲也变得不一样。连细节都精心制作。例如，这个板材需要维修的时候，也可以取下部分板材进行更换。"

在雨淋板外墙的建筑物的外围，有出挑3.6 m以上的深屋檐。菅野说："外墙不会被雨水淋湿，也不用担心维修管理。不架设脚手架，直接用高空作业升降车进行施工，这样可以节省成本，而且易于当地维修管理。"（撰写：松浦隆幸）

照片8 当地木工师傅讲究细节

用当地的柳杉木制作外装材"雨淋板墙"，从制作到施工，都是由当地的建筑从业者所完成的。因是使用在表面看不到螺栓的施工方法，可以反复制作的单位模板，因此这个板材劣化时，可以部分更换，连细节都设想得很周到。（照片来源：左面照片为近代建筑研究所提供）

07

大阪木材会馆（日本大阪市）

委托方：大阪木材买卖合作社　设计、施工：竹中工务店

在市中心的防火地区，用耐火集成材建造的"木之殿堂"

2013年春，大阪市中心的木结构大楼大阪木材会馆落成。基地位于防火地域内。因为使用了耐火集成材，所以木结构不需包覆外装材料，成为能直接外露木结构的建筑。

从 3 层南侧阳台往西看。具有像环抱着樱花树一样的弧线。全部安装了木制门窗，阳台的屋檐、天花板和地板也都是使用木材。（照片来源：除了特别注明以外皆为生田将人提供）

在大阪市中心，有个充满木造质感的建筑物大放异彩。大阪木材买卖合作社的大町洋三副社长满面笑容地说道："从窗户看向大街，就会发现行人都在吃惊地抬头望着这座建筑物，就像看着地标建筑物一样。"在大阪市西区，该建筑于 2013 年 3 月末建成。

地上 3 层的建筑物，在钢筋混凝土结构的 1 层之上，是由粗柱梁组成的两层楼的木结构。其包括宽度很大的出挑阳台，内外装饰材料大部分是使用木材。由于基地为防火地域，所以这栋建筑也是耐火建筑。

此木结构所使用的木料是负责设计施工的竹中工务店所开发的落叶松耐火集成材"不燃 WOOD"（照片 1、图 1）。木材构件的外缘有边缘燃烧层与阻燃层，发生火灾时，内侧的"荷载支持部分"也不会受到损伤。因此，才能做出木结构不被任何外装材料包覆，直接显现木质感的耐火建筑物。

建于街区的西南角。该区为防火地域。如果使用耐火集成材，3层楼都能够使用木结构，但基地是接近海和运河的低洼地区，考虑到预防水灾，1层使用钢筋混凝土建造。

2层的办公室。梁柱的木材，使用政府认定的符合1小时耐火材料标准的落叶松集成材"不燃WOOD"，能直接看到结构。室内为无柱的空间。

照片1 耐火木材先在工厂制作

"不燃WOOD"的构件全部在工厂制作完成。柱的标准断面是边长为470 mm的四边形。梁宽320～470 mm，高780 mm，长度最大约10 m。（照片来源：竹中工务店提供）

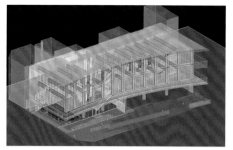

图1 12列粗梁柱构架

梁柱构架为间距2.7 m排成12列。"不燃WOOD"在外缘有边缘燃烧层（厚60 mm），在其内侧有含灰浆的阻燃层（厚25 mm）。（照片来源：竹中工务店提供）

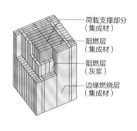

最早使用"不燃WOOD"的耐火建筑物是横滨市的商业设施southwood（2013年秋），虽然横滨更早开始施工，但规模较小的大阪木材会馆却较早完工。

控制玻璃的面积，强调木材的使用

这个项目是城市建筑的木结构、木质化开始受到关注的最新动向的象征。屋龄超过50年的老朽化钢筋混凝土造建筑，用木结构主体重新建造，在设计计划中，大阪木材买卖合作社所提出的方针，是打造对木材的普及有所贡献的"木之殿堂"。他们指定了在大阪设立办事处的3家公司竞标，并选定了竹中工务店。

负责设计的竹中工务店大阪公司设计第四部门的白波濑智幸主任说："我想借此机会让其成为用混凝土和铁做成的都市变成'森林'的样板。因此，从木头的骨架开始，到建筑内外能看到的部分，都尽可能使用木材。"（照片2）

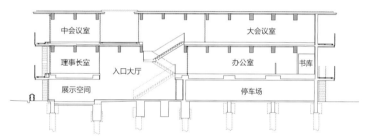

东西向剖面图

照片2 混凝土墙承受水平力

3层的大会议室。在天花板和墙壁上贴附的木材，没有进行不燃处理。主体结构虽然是木结构，但在面向邻地的东侧（照片左后部位）和北侧，为钢筋混凝土建造的墙面，以承受水平力。

在内部，使用"不燃WOOD"，坚固的梁柱构架以间距2.7 m排列。墙壁和天花板大部分是用没有经过药剂处理的实木木材完成。让人印象深刻的是：与树木相似的木制门窗框架。城市里的办公大厦，大多是以拥有透明感的玻璃建筑为主流，白波濑说："但在这里刻意控制玻璃面的大小，大胆地将门窗框架的宽度加粗，围着现有的两棵樱花树，希望外观呈现出树木表面自由舒展开来的样子。"

在2层和3层，大幅度出挑的阳台屋檐的天花板也是贴木材，衬托着外观。深度2 m的阳台兼具保护木材、防雨防晒的作用。因为各层皆有阳台，所以只要有梯子就可以进行木构件的维修管理。"解决了木材的缺点，样式就接近传统的日本建筑了。"

玻璃夹层的遮阳

在建筑物内，也可以看到有助于推广使用木材的设计。挑高的入口大厅，镶嵌着多种树木板材的格子墙面（照片3）。

西面的落地门窗虽然不是展示品，但是让人颇感兴趣。用两张玻璃夹着薄薄的切成片状的柳杉木遮光（照片4）。

总工程费约4亿日元。其中日本国土交通省资助了8 570万日元。

完工以来，参观的人络绎不绝。除了各地的林业、建筑相关人士之外，议员也来参观了。大町说："我觉得这栋建筑物引起了很大反响，这里也多了许多轮班介绍建筑物的工作人员。我想让这座建筑发挥推广木材使用的作用。"

照片3　无防火设备的挑高大厅

1层的挑高入口大厅。这是没有防火洒水系统等消防设备的流畅空间。

照片4　让木材最大程度地被看到

3层的会议室。面向邻近建筑物的西侧，用两张玻璃夹着薄薄的切成片状的柳杉木遮阳。

周围高级公寓大楼林立。合作社一直供奉的白菊稻荷大明神神像，被移至 3 层露台。

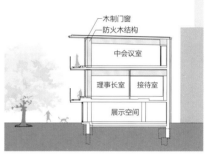

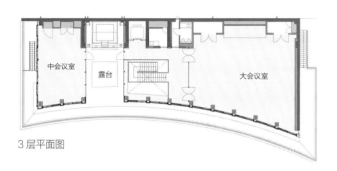

3 层平面图

2 层平面图

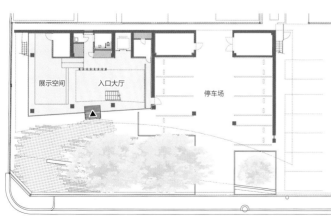

1 层平面图

南北剖面图

大阪木材会馆

■ 所在地：大阪市西区南堀江 4-18-10 ■ 主要用途：办公用建筑 ■地域、地区：商业地域、防火地域 ■建筑密度：36.96%（允许 80%）■ 容积率：68.77%（允许400%）■ 邻接道路：南 11 m ■ 停车数：7 辆 ■基地面积：1 226.40 m² ■ 建筑占地面积：453.27 m² ■总建筑面积：843.33 m²（其他容积率不算入的部分 188.86 m²）■结构：钢筋混凝土结构＋木结构、部分钢结构、钢架钢筋混凝土结构 ■层数：地上 3 层 ■基础、桩：根部扩大加固法，预应力混凝土桩基 ■高度：最大高度 10.782 m、轩高 10.372 m、层高 3.75 m、净高 3.2 m ■主要跨度：2.7 m×9.0 m ■委托者：大阪木材买卖合作社 ■设计：竹中工务店 ■施工：竹中工务店 ■协助施工：大阪城口研究所（空调、卫生）、朝阳电气（水电工程）、三菱电机（升降机）■营运：大阪木材买卖合作社 ■设计时间：2011 年9 月—2012 年 6 月 ■施工时间：2012 年 7 月—2013 年3 月 ■开业日：2013 年 3 月 21 日 ■总工程费：约 4 亿日元（其中有日本国土交通省资助的 8 570 万日元）

外装材料

■屋顶：断热防水薄膜 ■外墙：柳杉木模板装饰材清水混凝土 H-ASC ■外部门窗：木制门窗 ■外部构造物：花岗岩、木砖、草坪、砂砾

内装材料

■办公室、会议室等地板：榉木实木地板 t=15 mm ■墙面：贴扁柏、落叶松实木板、和纸涂装 ■天花板：贴扁柏实木板 ■入口大厅、展示空间地板：榉木实木地板t=15 mm ■墙面：和纸涂装 ■天花板：清水混凝土

隔着原有的樱花树观看。钢筋混凝土结构的 1 层，承载着上面两层楼的木结构。

专栏8

与内装限制条件的战斗

在使用直接裸露木材的情况下，不仅要求防火结构，使用建材的内装限制条件也有很多。一般是使用经过不燃处理的木材，但在这里采用的是未经不燃处理的木材。

　　会馆的墙壁与天花板，多使用没有经过不燃处理的木材。通常办公大楼无法使用。

　　日本的法规中有很多关于内装的限制条件。大阪木材会馆为3层楼以上建筑，总楼地板面积超过500m²，作为办公室的耐火建筑物，内装受到限制。为了确保发生火灾时建筑物的安全，墙壁和天花板必须使用不易燃烧的材料。

　　对于这栋建筑，由于委托方希望尽可能地使用无香味处理的实木木材，竹中工务店决定通过实验确定采用的方法。其负责人是该公司技术研究所结构部防火组的出口嘉一，他说："内装要使用无香味处理的木材，首先要确保的是建筑物内有明确的避难路径。"

　　在最初的方案中，建筑物内楼梯与阳台东侧的外阶梯为避难路径。与此不同的是，出口先生提出了在阳台西侧也设置外阶梯，并建议不要通过建筑物内的楼梯避难。他说道："其理由是，这栋建筑无论是哪个房间都会面向阳台。如果发生火灾，只要到达阳台，无论哪个方向都能安全地逃生。"（照片5、图2）

两次都没过关的大会议室墙面

　　设计内部装修使用木材时，出口先生制作了与墙壁、天花板同等大小的实体，以固定的火焰，做了"火焰蔓延实验"。内部装修设计最费力的是3层大会议室墙面的设计。这是将条状集成材的构件排成齿轮状，中间有间隔的墙面设计。但是，在火焰蔓延实验中，只要2分钟左右，火势就蔓延开来了（照片6）。

照片5　在东西侧设置避难楼梯

室内全部面朝阳台。因为是避难使用，所以屋檐的天花板使用的是不可燃的木材。左后方能看到西侧避难的楼梯。

图2　维持木造的阳台

3层门窗剖面图。深2m的屋檐既能保护木材，又能防雨防晒。各楼层的阳台，只要有梯子就可以进行木构件的维修管理。阳台的屋檐天花板使用的是经过不燃处理的桧木，屋内（3层）天花板使用的是未经不燃处理的桧木。

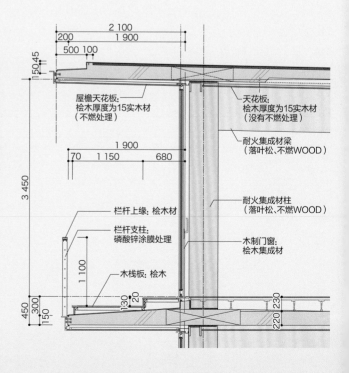

●火焰蔓延实验，检验无处理木材

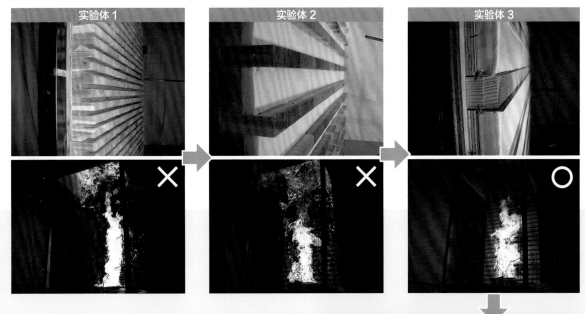

将木条之间的间距拉宽的改良版本，也得到了相同的结果，因此知道只要墙表面凹凸，就容易燃烧。接下来，把钢板和玻璃板放进间隔，进行没有凹凸面的实验，结果则完全没有燃烧。根据这个结果，设计者总结了最终设计方案，为了慎重起见，该模型也实施了火焰蔓延实验。

根据一系列的实验，在内部装修中，大部分能够使用经过不燃处理的木材。唯一需要考虑的是上层避难的安全性，因此二层办公室的天花板使用了不燃建材。

在这次的验证中，利用的是"避难安全验证法"的途径 C（图 3）。从实验方法的设计到结果验证都是自行施工，所以最终还需要得到政府机关的认可。（撰写：松浦隆幸）

图 3　实现高要求的途径 C

●避难安全验证法的研究流程

途径A（规格规定）
→ 该建筑的用途和规模，不能使用无处理的木材。

⬇

途径B（性能规定）
→ 规定有严格的计算公式。在高安全率标准的评估计算下，本建筑使用无处理的木材，不能通过的可能性很高。

⬇

途径C（性能规定）
→ 从实验方法的设计到结果的验证都要自行设计。最终需要取得政府机关的认证。

照片 6　采用实验体 3

3 层大会议室墙面的内装面材，火焰蔓延实验的过程。全部是实验开始后 165 秒的情形。表面凹凸的实验体 1 与实验体 2，从 2 分钟左右开始燃烧，黑烟上升。夹着玻璃棉板，表面无凹凸的实验体 3 没有着火。（照片来源：实验中照片由竹中工务店提供）

08

高知县自治会馆（日本高知市）

委托方：高知县市町村综合事务组合　设计：细木建筑研究所　施工：竹中工务店

用混合结构建造城市型木结构建筑，利用中间免震层对抗海啸

2016年10月，在高知市办公大楼林立的街道上，一栋钢筋混凝土结构混合木结构的建筑建成了。建筑采用当巨大地震引发海啸时，也能维持功能的中间免震层。钢筋混凝土结构与木结构堆叠，重箱型的办公大楼成为都市木结构建筑的模本。

木结构建造的6层办公楼。沿着开口部位，是直接外露木材，兼具隔间功能的建筑斜支柱。第5层是负责建设并管理该栋建筑的高知县市町村综合事务组合的办公室。（照片来源：生田将人提供）

JR土赞线
入明站
高知站
土佐电栈桥线
高知城
高知县厅
播磨屋桥站
土佐电伊野线
高知县自治会馆

0   500m

建筑正面与高知城的天守遥遥相望，是一个开放的木造6层办公建筑。沿着窗户和隔墙，能看到木制的交叉斜支柱，隔出宽敞舒适的空间。2016年10月22日，在高知县自治会馆的落成典礼上，高知县市町村综合事务组合的山下英治说："这样的开放空间用起来很方便，而且自从搬到这栋建筑物里，常从职员那里听到'在木造空间里心情能平静'的议论。"

该建筑物位于政府机关以及办公大楼林立的街道上（照片1、照片2），为地上6层建筑，总楼地板面积为3 650 m²。1至3层是钢筋混凝土结构，4至6层是木结构。在1层的柱头位置采用了中间免震结构。因为是面积超过3 000 m²的办公大楼，所以属于耐火建筑。除了办公室以外，还有当地使用的会议室和研究室。

照片 1　市区中的城市型木结构建筑
从北侧向下眺望。建筑位于政府机关和办公大楼
林立的街道上。此基地定为防火地域及商业地域。

照片 2　箱型办公大楼
从外形上与两旁的大楼大体上为同一种典型的箱
型办公大楼。1 至 3 层为钢筋混凝土结构，4 至 6
层为木结构，共 6 层楼。在 1 层上部设有中间免
震层。

照片 3　分节的斜支撑

开口部所排列的斜支撑，由 150 mm × 150 mm 柳杉木组成，两根为一组。采用这种小断面的构件，是为了设计出明快感和方便取材。柱的跨度为 4.2 m。

在钢筋混凝土结构上加木结构

设计是由通过 2013 年的投标选出的细木建筑研究所负责的。该公司的负责人细木茂先生，说明了为什么要使用钢筋混凝土结构和木结构上下混合结构。"由于使用木材是设计条件之一，我们的目标是最大程度地使用木材。"

把委托方要求的事项加入设计，需要建造 6 层。将需要无柱大空间的停车场和大会议室集中配置在钢筋混凝土结构的楼层里，将能够设置隔断的办公室等空间，集中放在上面 3 层的木结构楼层里，并将其放在钢筋混凝土结构上。细木先生说："各种条件都满足之后，就自然而然地形成了现在这种空间形式。"（照片 3、照片 4、图 1）。

还有一个理由是，该建筑处于巨大地震引发海啸的浸水范围。在灾害发生时，政府的办公厅要转化成支援应变中心，因此采用了免震结构，抗震性能达到了日本现行标准的 1.5 倍。在有限的地基上确保最大程度的建筑面积，为了不让免震装置遭受海啸的浸水灾害，使用了中间免震层。

木材的交错结构，形成开放式空间

木结构部分，主要结构是由集成材梁柱的轴组构成。为了确保 1 小时的耐火性能，使用强化石膏板的耐火被覆薄膜工法。结构材的柱梁虽然被遮盖住，但作为代替的木材的装饰材料，却能让人感受到在轴组结构上的设计巧思。

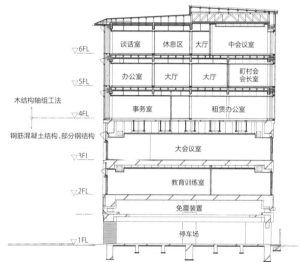

图 1　上下混合结构的木造建筑

南北向剖面图

大会议室等大空间配置在钢筋混凝土造的下层。上面 3 层的木造是以木造轴组构工法建成。最上层的会议室，使用木制桁架结构加大跨度。

照片 4　钢筋混凝土造的大空间

16 m × 22 m 的第 3 层大会议室。空间大小与第 2 层的研究室一样。天花板与收纳门的表面装饰材料是木材。

照片5 CLT 的隔墙

第6层的谈话室。柱子为 210 mm×210 mm 柳杉木集成材上覆盖一层石膏板，之后再贴上木制装饰材料。照片中后方的隔墙为 CLT 的非承重墙。

照片6 斜支柱的隔墙所形成的开放感

在室内，由日本桧木加工组成的承重隔墙两列并在一起。因为能适度地阻挡视线、让光线通过，使得空间整体明亮、具有开放感。

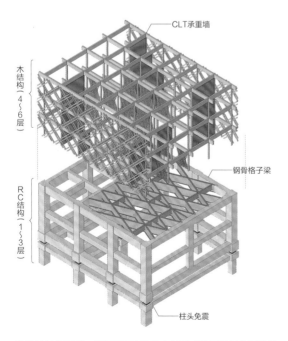

结构等轴侧投影。钢筋混凝土造的上部组成的钢筋制的斜格子梁上，再放上木结构的部分，让木结构能不受钢筋混凝土结构的跨度的影响，灵活地使用木结构构件。

■ CLT承重墙（有耐火材料被覆） ■ CLT非承重墙（直接裸露木材） ■ 斜支柱承重

6 层平面图（木造）

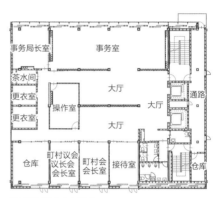

5 层平面图（木造）

3 层平面图（钢筋混凝土结构）

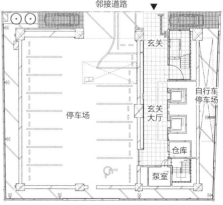

1 层平面图（钢筋混凝土结构）

照片 7　柱子与斜支柱的跨距相互错开

两根柱子间的跨度，放入 3 组斜支柱。考虑到设计，双方的跨度相互错开。

另外，在东西向设置的木材斜支柱结构，因为只承担水平力，所以不用覆盖耐火材料，而直接显露。沿着南北面的开口部设置的斜支柱结构，以两根为一组的分段间隔，来控制构件的断面尺寸，给予开口部轻快感。使用的是 150 mm×150 mm 尺寸的柳杉（照片 5、照片 7）。而在室内的两列斜支柱结构，是使用 90 mm×90 mm 的桧木（照片 6）。

细木说："有适当的视觉穿透性，光也能进入，所以整个空间变得明亮开放。"

使用的木材约 474 m³。除了一部分梁使用花旗松集成材，其他都是使用高知县产的日本柳杉与桧木。这是在中高层建筑中尝试使用木材的实例。

高知县自治会馆

■所在地：高知市本町 4-1-35 ■主要用途：事务所 ■地域、地区：商业地域、防火地域 ■建筑密度：80.96%（允许 100%）■容积率：396.42%（允许 500%）■邻接道路：北 11 m ■停车数：18 辆 ■基地面积：798.73 m² ■建筑占地面积：646.06 m² ■总建筑面积：3 648.59 m²（内有不算入容积率部分的 390.97 m²）■结构：钢筋混凝土结构、部分钢结构（地上 1 至 3 层）、木结构（地上 4 至 6 层）■层数：地上 6 层 ■耐火性能：2 小时耐火构造（1 至 3 层）、1 小时耐火构造（4 至 6 层）■基础、桩：全旋转抽样现浇混凝土桩 ■高度：最大高度 30.995 m、轩高 30.1 m、层高 4.2 m、天花板高 2.8 m ■主要跨度：4.2 m×5.6 m ■委托、营运：高知县市町村综合事务组合 ■设计：细木建筑研究所 ■设计协助：樱设计集团（结构、防耐火技术）、枞建筑事务所（结构）、ALTI 设备设计室（设备）■施工：竹中工务店 ■施工协助：SAKAWA（木结构）、DAI-DAN（空调、卫生）、日产电气（水电工程）■设计时间：2013 年 7 月—2014 年 3 月 ■施工时间：2015 年 6 月—2016 年 9 月 ■开馆日：2016 年 10 月 1 日 ■总工程费：14.2981 亿日元 ■补助金：1.8 亿日元（日本政府 2013 年度和 2014 年度木结构建筑技术先导事业、2015 年度可持续发展建筑物等先导事业），1 亿日元（高知县自治会馆新政府办公楼建设事业费补助金）等

设计者：细木茂

细木建筑研究所代表，1947 年生，1972 年毕业于日本神奈川大学建筑学专业，然后进入 MA 设计事务所工作。1979 年创立细木建筑设计室，1984 年将其改为细木建筑研究所。设计作品有"马路村农协柚子森林加工场"（2005 年）、"北村商事总公司大楼"（2013 年）等。

利用CLT做出都市木造建筑范本

木造与钢筋混凝土结构上下重叠、设置中间免震层的办公大楼，可以作为城市木结构建筑的一个典范。而将CLT当作隔墙使用，是该建筑的特点，期待CLT建材未来有高普及率。

细木说："进行耐火木结构建筑的设计，这是第一次。"防火与木构造设计是由樱设计集团的安井升与佐藤孝浩担任。佐藤表示："使用的都是现有技术。只有技术组装搭接方式是新技术。"在钢筋混凝土结构上放置木结构，或是不负担垂直力的斜支柱结构，直接使用显露材质的案例有：下马集合住宅（KUS设计，2013年竣工）等。但是在钢筋混凝土结构上放上木结构，楼层中间使用免震装置，这是第一次。

此建筑利用现有技术，确保高抗震性，有希望成为城市木结构建筑的典范。

细木发挥了建筑从内到外的设计表现，将结构和跨度的差异直接呈现出来（照片8）。用玻璃幕墙所覆盖的木结构开口部，也是一个设计上的巧思。在柱梁的轴组面向外延伸斜撑，表现上层木结构的轻盈感（图2、照片9）。

耐火构造的 CLT 承重墙

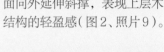

新组装方式中还有一个特点，就是使用CLT。

照片 8 不同结构呈现不同的设计感
下层的钢筋混凝土结构是格状的设计，上层木结构部分是能看到斜支柱的玻璃幕墙。两者结构与跨度的不同，直接呈现在建筑外观上。

图2 斜支柱是挑出支撑的

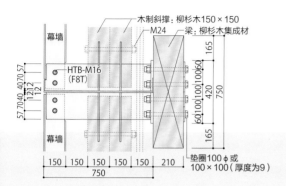

建筑外围的木制斜撑剖面图
在支撑玻璃幕墙的钢骨部分，安装衔接木制斜支柱。

木结构部分使用了承重隔墙。最初，CLT只用于部分非承重墙的隔断。但是，设计变更后，由于承重墙不足，拥有高强度的CLT"升级"为承重墙（图3）。

CLT能成为承重墙材料，其原因是日本于2014年8月施行的新规定。对于隔墙等的耐火结构，只要CLT在实验中确认强度，在表面被覆一层强化石膏板，就可以当成1小时耐火标准的隔断承重墙使用。此建筑能实现隔断较少的开放办公空间，CLT隔断承重墙功不可没。（撰写：松浦隆幸）

照片9 在木轴架的外面做斜撑

开口部的上部结构衔接处。做出使木轴架的外面挑出的钢架不明显的样子。

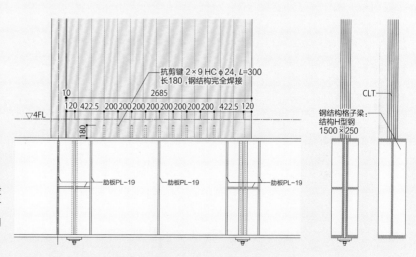

图3 厚150 mm 的 CLT 承重墙
CLT 承重墙详细尺寸（第4层楼板）
（1：50）钢筋混凝土结构的最上部设置钢结构的斜格子梁，与之衔接的CLT承重墙详细尺寸。CLT 厚 150 mm。用两片强化石膏板作为防火材料被覆。

09

南阳市文化会馆（日本山形县南阳市）

委托方：南阳市政府　设计：大建设计　施工：户田建设、松田组、那须建设

日本国内最大的木结构大厅之一，用桁架与组合柱建成的巨大构架

这是日本国内最大规模且受到瞩目的木结构公共建筑之一。能容纳1 400人的大剧场，是由立体桁架以及耐火集成材组合柱所建成的巨大构架。为了活用当地的柳杉木材，完成设计之后，施工方就直接定购木材，等待施工时使用。

入口空间的交流休憩区。由8根柱子排列成圆形，象征着把山形县包围住的8座山。每个柱子为截面约60 cm×60 cm耐火集成材的外围贴新西兰辐射松集成材，外观形成十六角形。（照片来源：除了特别注明以外皆为安川千秋提供）

作为耐火木结构的大型公共设施而受到瞩目的南阳市文化会馆，于2015年10月开馆。在入口处耸立着8根粗柱子，排成圆形空间。连接其后的是由大截面集成材的柱子与梁所组成的总建筑面积约6 000 m²的木结构空间。

该设施是能容纳1 400人的大剧场。木质感呈现在箱型外观上（照片1、照片2、图1）。南阳市政府的吉田弘太郎说明了建造这栋建筑物的意图："我们以建设具有良好音响效果的木结构大剧场为目标。我想在日本国内没有第二个同样规格的剧场。"

屋龄45年的钢筋混凝土结构的旧市民会馆在东日本大地震时被毁坏，借此机会，南阳市政府开始着手建设新设施。

照片1 高25m的木结构剧场

从北侧看到的建筑全景。高度接近25m的箱型部分，是能容纳
1 400人的大剧场。而只有左边的平房部分是钢筋混凝土造，作
为表演者休息室。右面的照片为2014年10月大剧场的梁柱结构
刚施工完成的情况（照片来源：右面照片为户田建设提供）。

1层平面图

设施全体，独立结构的3栋建筑（交流
休息楼、大剧场、表演者休息室），以
伸缩缝（EXP.J，Expansion Joint）
的方式连接成一体。来馆者的空间只限
于1层，2层为办公室以及仓库。

图1 3栋以伸缩缝连接

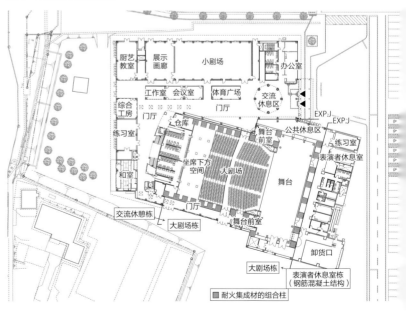

大截面集成材的梁柱

设计成木结构有两个原因。第一个原因是专家给出的意见。设计时，音乐家坂本龙一先生，以及活动主办机构组成的专家委员会，考虑到现场演奏时的回声效果，经讨论推荐建造木结构的大剧场。吉田说："从振兴市民文化和将来营运的立场考虑，应该打造能被一流的艺术家、表演者青睐的剧场。" 第二个原因是出于地区经济活性化的考虑。在建设公共设施的时候，如果活用地区森林资源，对当地经济有益。

但是由于总建筑面积超过3 000 m²，所以整个设施必须做成耐火结构。该建筑的设计是由竞标后选出来的大建设计负责的。该公司设计室的笠原拓说："由大截面集成材的柱梁与LVL的斜撑组成简单的建筑梁柱，构成了大空间的耐火木结构。"（照片3）

柱子使用2013年Shelter公司推出的1小时耐火集成材"COOL WOOD"。截面为400 mm×400 mm的柳杉集成材，外面贴上4层石膏板，表面再用柳杉实木的装饰材料包覆。完成后的整个柱子截面变为600 mm×600 mm。

照片2　门厅为两层楼的大空间

沿着大剧场所环绕的门厅，是两层楼高的大空间。耐火集成材的柱子与被耐火材料包裹的梁直接呈现原有的质感。右手边的楼梯为大剧场的入口。

照片3　能被看到的结构材料

为了让大家知道此建筑是木结构的，耐火集成材的柱子与LVL的斜撑，都不用内装材料遮挡，而是直接呈现木质感。没有负担垂直力的斜撑，因为不是主要结构的部分，所以即使是耐火结构，也不需要包裹耐火材料。左边照片为和室，右边照片为能容纳500人的小剧场。

建筑剖面图

大剧场没有2层观众席，只有1层斜坡状的观众席。天花板最大高度为15 m。在观众席与舞台的上部，架着木结构的立体桁架。

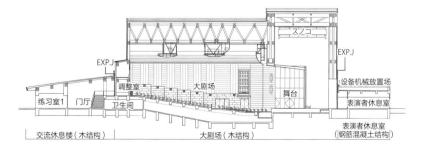

照片4 28 m 的大跨度

大剧场的建筑面积约 1 400 m²。在侧面墙的上面部分，柳杉木材结构的一部分组合柱直接显现出来。其他墙面与天花板为耐火构造。

图2 巨大的木结构门型构架

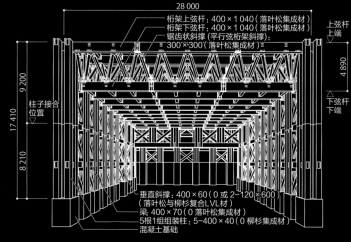

桁架上弦杆：400×1 040（落叶松集成材）
桁架下弦杆：400×1 040（落叶松集成材）
锯齿状斜撑（平行弦桁架斜撑）：
300×300（落叶松集成材）

28 000

上弦杆上端

4 890

下弦杆下端

9 200

17 410

柱子接合位置

8 210

垂直斜撑：400×60（0 或 2-120×600）
（落叶松与柳杉复合LVL材）
梁 400×70（0 落叶松集成材）
5根1组装柱：5-400×40（0 柳杉集成材）
混凝土基础

大剧场木造立体构架

跨度28 m 的立体桁架与高 17 m 的组合柱支撑着门型构架。数米间隔排列的组合柱，以梁、斜撑连接。巨大门构架全部包在耐火构造的墙体与天花板之中。

照片5 高5 m 的立体桁架

覆盖在大剧场上的立体桁架。是使用比柳杉强度还要更高的落叶松的集成材。上下弦杆的高度为 1 m 以上，桁架全体的高度接近 5 m。因为桁架使用的木材不是耐火构件，所以在上、下部各贴耐火结构的天花板和屋顶。（照片来源：两张皆为户田建设提供）

图3 用5根为1组的组装柱承接立体桁架

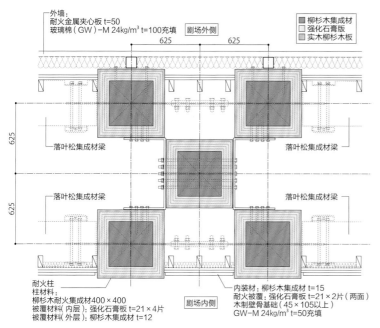

外墙：
耐火金属夹心板 t=50
玻璃棉（GW）-M 24kg/m³ t=100充填   剧场外侧

■ 柳杉木集成材
□ 强化石膏版
▨ 实木柳杉木板

625   625

625

625

625

落叶松集成材梁   落叶松集成材梁

落叶松集成材梁   落叶松集成材梁

耐火柱
柱材料：
柳杉木耐火集成材400×400
被覆材料（内层）：强化石膏板 t=21×4片
被覆材料（外层）：柳杉木集成材 t=12

剧场内侧

内装材：柳杉木集成材 t=15
耐火被覆：强化石膏板 t=21×2片（两面）
木制壁骨基础（45×105以上）
GW-M 24kg/m³ t=50充填

大剧场组装柱平面详细图。5根柳杉木耐火集成材以棋盘状排列，构成组装柱。只有面向剧场内侧的柱子将木纹裸露，其他的内外墙都贴上作为耐火结构的石膏板。

照片6 单位模块化构件吊放

柱与梁，将斜撑单位模块化构件吊放定位之后，再作为组合柱接合（照片来源：户田建设提供）。

照片7 在设施内展示建筑物构件

为了推广耐火木结构，设施内展示了建筑物所使用的柳杉木耐火集成材的实物。白色部分为阻燃层的石膏板。

另外，因为梁还是没有耐火认证的构件，所以使用日本木造住宅产业协会经过政府认证的薄膜工法，覆盖在集成材表面上。

巨大的木结构门型构架

大剧场展现了只有木结构才有的独特构架（照片4）。使用大截面集成材组成的立体桁架，形成横跨28m的门型架构（照片5、图2）。

一般来说，木结构的大空间多半使用较容易让力传递的小构件组成，例如拱形结构或者薄壳结构。而这个剧场选用立体桁架是为了提升音响效果，天花板采用平坦的鞋盒式（箱型）剖面。因此，形成上下弦杆的梁距为1m以上，桁架高为5m。

承载着立体桁架两端的、高17m的柱子也非常粗。没有一种可以单独支撑桁架的耐火集成材的粗柱子。因此这里用的是5根耐火集成材以格子状交错排列组成组的合柱。其外缘形成边长1.8m的正方形（图3、照片6、照片7）。因为立体桁架的木材不具有耐火性能，所以用耐火结构的墙面与天花板包住。

从建设开始就备受瞩目的剧场，在运营方面也反响良好。吉田说："目前使用率达到80%以上。"

南阳市文化会馆

■所在地：山形县南阳市三间通430-2 ■主要用途：集会场所 ■建筑密度：25.21%（允许60%）■容积率：26.76%（允许200%）■邻接道路：西21m、南6m ■停车数：400辆 ■基地面积：23138.20 m² ■建筑占地面积：5831.70 m² ■总建筑面积：6191.38 m² ■结构：木结构、部分钢筋混凝土结构 ■层数：地下1层、地上3层 ■耐火性能：1小时耐火建筑物 ■基础、桩：桩基础 ■高度：最大高度24.51m、轩高23.04m、天花板高2.7 m ■主要跨距：7 m×7 m ■委托：南阳市政府 ■设计：大建设计 ■设计协助：Theatre Workshop、永田音响设计 ■施工：户田建设、松田组、那须建设（建筑、机械、建筑外围造物）、Suzuden（水电工程、舞台音响、照明）、shelter（木结构制作）、米泽地方森林组合（木材调配）、森平舞台机构（舞台机构）、Hirakawa（木质生物能源锅炉）■设计时间：2012年12月—2013年7月 ■施工时间：2013年10月—2015年3月 ■开业日：2015年10月6日 ■设计费：1.32亿日元 ■总工程费（不含家具设备等）：63.52亿日元（建筑、机械、建筑外围造物为38.32亿日元，水电工程为3.148亿日元，木结构制作为12.65亿日元，木材调配为1.152亿日元，舞台机构为2.314亿日元，舞台音响、照明为3.742亿日元，木质生物能源锅炉为0.586亿日元，建筑外围造物为1.078亿日元，整地工程为0.528亿日元）

专栏10

采买木材与筹集资金是关键

为了建成利用地区材料的大型木结构设施，面临的困难是木材的供应和资金。南阳市文化会馆是如何解决这些难题的呢？

该建筑使用的木材量为 3 570 m³。为了其木材制作而砍伐的木材量高达 12 400 m³。从当地采伐了 25 公顷的森林。

在特定地区短时间内筹措这么多木材是极其困难的。特别是工期限制严格的公共工程，在工程投标后，承包商再去筹措木材，有可能赶不上工期。伴随着地区资源活用案例的增多，这个问题渐渐浮出水面。

南阳市在当初计划以木结构来建造文化会馆的时候，就开始考虑如何将木材供应的风险降到最低。吉田说："关键在于分开发包。将通常在建筑工程中包含的木材料采购和木材加工这两个订单分开，先行采购。"

南阳市所采取的发包程序的要点如图4所示。一开始如吉田指出的，果断地分开发包。在这种情况下，分两个阶段筹措木材。

首先，在基本设计结束的阶段，大概算出木材量，订购包含南阳市地区的木材柳杉木。接下来，详细设计完成后，再订购不足的柳杉木和落叶松。

紧接着，必须同时进行"木结构制作"。工厂拿到木材后，加工木材，使其干燥，制作集成材构件。

此外，制作木结构的厂商承揽了确保建筑构件的品质及搬入施工现场之前的保管工作。由此，分开发包时经常出问题的构件品质管理，都能够有明确的安排。南阳市政府负责将材料交付施工方。

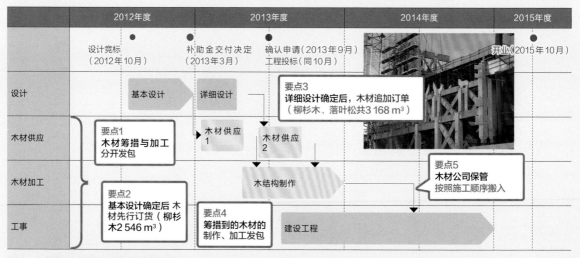

图4 工程发包之前先将木材分开订购

待工程发包后再筹措木材，会赶不上工期，因此将筹措木材与木材加工分开。制作木结构的木材工厂，也承揽了确保构件的品质以及搬入施工现场之前的保管工作。（资料来源：以南阳市的资料为基础制作。照片来源：户田建设提供）

照片 8　木材由南阳市提供

木材是南阳市向施工方提供的。照片为大剧场的内墙，裸露耐火集成材的柱子与表面装饰材料。

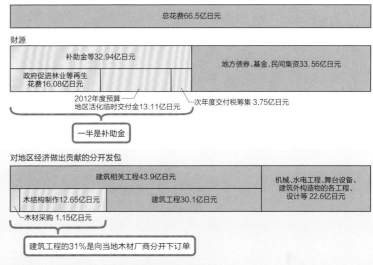

| 总花费66.5亿日元 |

财源

| 补助金等32.94亿日元 | 地方债券、基金、民间集资33.56亿日元 |
| 政府促进林业等再生花费16.08亿日元 | |

2012年度预算
地区活化临时交付金13.11亿日元 ── 次年度交付税筹集 3.75亿日元

一半是补助金

对地区经济做出贡献的分开发包

| 建筑相关工程43.9亿日元 | 机械、水电工程、舞台设备、建筑外构造物的各工程、设计等 22.6亿日元 |
| 木结构制作12.65亿日元　建筑工程30.1亿日元 | |

木材采购 1.15亿日元

建筑工程的31%是向当地木材厂商分开下订单

图 5　通过分开发包方式对地方经济做出贡献

总费用中，除去设计等的工程费 63.5 亿日元。在建筑相关工程费中，关于木材采购约 30% 为分开发包，促进了当地的经济发展。

从木材采购到木材制作大约花了 1 年时间。因为发包采购的时间提前，所以在建筑施工工程开始之前，就已经收集到需要的木材了（照片 8）。

当地接收了建筑工程 30% 的订单

分开发包也考虑到了此工程对当地经济的影响。通常木材采购与木材加工是作为建筑工程一部分的，最后变成分包的形式。吉田说：“即使是同样的工作，分包商的价格较低，而且如果交货，就可以收款。这对当地经济来说影响非常大。”

南阳市文化会馆给该地区带来了直接经济效益，木材采购和木结构制作工程方面的总额接近 14 亿日元。这个金额约相当于建筑相关工程费 44 亿日元的 30%（图 5）。采伐以南阳市为中心邻近地区的森林 25 公顷，采购来的柳杉和落叶松木材为 5 700 m³。这是木材全部采购量的 46%。

南阳市负担了约一半的工程费

在筹措木材的同时，吉田强调的另一个重点是确保资金来源。南阳市文化会馆总花费约 66.5 亿日元。

“这个金额，对于建造这个设施来说帮助很大。”23 亿日元来自政府财政支出和债券；33 亿日元为政府补助金；10 亿日元是为了建设，由市政府筹措的基金。（撰写：松浦隆幸）

10

日本新国立竞技场（日本东京都新宿区）

委托方：JSC　设计、施工：大成建设、梓设计、隈研吾建筑都市设计事务所

木与钢的混合结构，实现出挑 60 m的大挑檐

预计在2019年11月完工的日本新国立竞技场，在如火如荼地建设中。覆盖在观众席上的是长62 m的悬臂式屋顶构架，以木和钢的混合结构组成。从2017年5月开始准备制作钢结构大屋顶，同时也进行施工程序与安全的验证。

作为2020年东京奥运会主会场的新国立竞技场。覆盖在观众席上的是大出挑屋顶。从观众席上看到的是一座巨大的木结构建筑（图1）。

实施建设这个项目的是大成建设、梓设计、隈研吾建筑都市设计事务所，负责建筑设计的隈研吾："日本木结构具有纤细的特质，即使在巨大的建筑物上也能发挥作用。来到新国立竞技场的观众应该会有来到寺院神社的感觉吧。"（图2）

悬臂式屋顶架构的桁架，为两根上弦杆与1根下弦杆，并与立体构件连接在一起。桁架长达62 m，能将3层楼的观众席完全覆盖住（图3）。屋顶本身的质量由看台外围的两列支柱支撑。

图2 活用日本产的中截面集成材

上图为新国立竞技场的内部效果图。由于加工大截面集成材的工厂数量有限，所以使用中断面集成材。截面的最大尺寸是短边12 cm、长边45 cm。下图为外观效果图。覆盖外墙的百叶状木材，105 mm×105 mm在截面方向分为3等份使用。使用市面流通的普通木材，以降低成本。

图1 利用木屋架在上方遮盖的新国立竞技场观众席

悬臂式的屋顶结构属于钢结构，借助木材组合成混合结构，赋予了建筑抑制变形的刚性［资料来源：技术提案书（2015年11月16日）。大成建设、梓设计、隈研吾建筑都市设计事务所联合承包，效果图、意向图是技术提案时的图面，可能会有与实际建筑不符的情况］。

图 3　木材在构造上不是天花板

杆件材
日本柳杉木

下弦杆
日本落叶松

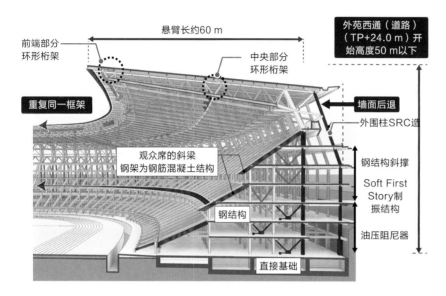

前端部分
环形桁架

悬臂长约60 m

中央部分
环形桁架

外苑西通（道路）
（TP+24.0 m）开
始高度50 m以下

重复同一框架

墙面后退

外围柱SRC造

观众席的斜梁
钢架为钢筋混凝土结构

钢结构斜撑

Soft First
Story制
振结构

钢结构

油压阻尼器

直接基础

屋顶构架剖面图。用立体的杆件连接两根上弦杆与 1 根下弦杆。杆件可以发挥防止上弦、下弦杆挫曲的作用，也担任屋顶面的斜撑。屋顶是经过材料认证的耐火结构。因为主要结构的桁架为钢结构，所以不属于耐火性能验证的范围。在日本，装设在桁架上的木材属于装饰材料，并不被视为天花板。

　　新国立竞技场控制了观众席的最大面积与屋顶架的坡度，使最大高度控制在 49.2 m。这种沿着圆周方向延续的三角剖面屋顶桁架的简明结构，是竭力追求设计之美与施工合理性的结果。

　　虽然木材看起来像是屋顶架构的主角，但实际上这并不是木结构。日本建筑法规中，要求屋顶桁架结构使用钢结构。长期、短期荷载所产生的力，都要由钢骨结构承载。

　　表现"日本风格"的竞技场，是以使用木材为前提设计的。但是，有防火限制，隈研吾表示："全部使用木结构是不可能的。"经过对各种屋顶形状的讨论，最后用集成材夹着钢骨构件——木与钢的混合结构来做屋顶桁架。

用木材抑制风造成的晃动

　　在观众席上出挑约 60 m 的钢结构屋顶构架，其出挑过长则会由于短期荷载引起振动。设在高处的屋顶很容易受到强风的影响。因此，设计者使用钢结构与木结构的混合结构。

　　大成建设设计本部的细泽治先生说："为了抑制屋顶在强风和地震中的上下振动使用了木材。木材部分起到抑制短期荷载产生变形的作用。"

　　将H型钢和集成材组合起来的混合结构构件，是用在结构里的杆件与下弦杆（图 4）。在屋顶架构上能够使用怎样的混合结构部件，同时该部件对木材在轴力的负担上又有多大作用呢？大成建设进行了试验。

　　对全钢材与混合材的刚性进行比较。其结果是，混合材的构件比全钢材的刚性高，杆件约高出 10%、下弦杆约高出 25%。因为木材是"纤维束"，所以纤维方向有较高的刚性。

　　大成建设结构研究室木、钢组的森田仁彦说："在下弦杆使用的落叶松木材具有很高的刚性与承重性。"在屋顶架构所使用木与铁的体积比率为1∶0.6。也就是说，使用木材部分，更容易让观众们看到。但另一方面，钢骨的质量较重，估计为木材的 10 倍。

中断面集成材是木材的主角

新国立竞技场所使用的木材，主要是用中截面集成材（截面的短边 7.5 cm 以上，长边 15 cm 以上）。在设计屋顶架构的时候，为了发挥木材的特性，原先也考虑采用大截面集成材（短边 15 cm 以上，截面面积 300 cm² 以上）。

但是，能制作大截面集成材的工厂有限。施工方也有"大截面集成材因为质量的关系，需要耗费较多的施工时间"等疑虑。

从 2016 年 12 月开始建设的新国立竞技场工程，整体施工工期为 36 个月。预计从 2018 年 2 月开工的屋顶工程是该项目能否顺利进行的关键。因此，决定使用日本全国的集成材工厂和预切工厂都能生产的中截面集成材。使用的集成材的最大尺寸是：截面的短边为 12 cm，长边为 45 cm。

在木与钢的混合结构中，不使用黏合剂。为了使木材的刚性对拉伸和压缩都有效，木材与钢骨在构件的轴向上使用拉螺栓连接。在螺帽处安装防止松落的防止脱落螺栓（图 5）。因为屋顶还要承受着强风等的外力，所以为了提高整个屋顶的安全性，采用了防止脱落螺栓。

在修复传统建筑时也会使用螺栓。新国立竞技场在东京奥运会结束之后，还要使用数十年。考虑到长时间的变化，为了将来更容易管理，设计者选择直接将木材和钢结构连接起来的方法。

屋顶工程是以同一个剖面的屋顶单元模组，按顺序设置的形式进行（图 6）。一个屋顶的桁架分为 3 个单元模组，在观众席的圆周方向上设置 108 列。屋顶桁架的周长为 60 m，宽度会依据平面形状而有所改变。在入口和背面的观众席，屋顶桁架的后端连接处约 7.2 m，前端部分约 6.3 m。两侧观众席，尺寸分别为 7.1 m 与 3.1 m。模块在地面组装完成后，使用配置在观众席内外的大型起重机，将单元模块进行吊放，用强力螺栓接合相邻的单元模块。依据 2015 年 11 月的技术提案书，在屋顶构架中，组装檩条和照明设备等，1 个单元模块的最大质量约 50 t（图 7）。

图 4　活用日本全国的集成材工厂

使用中截面集成材构件的构成意象图

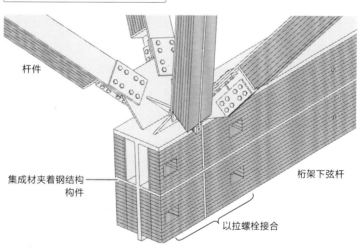

杆件

集成材夹着钢结构构件

桁架下弦杆

以拉螺栓接合

集成材与钢结构接合处。因为集成材的截面要控制在中截面以下，所以利用日本全国的集成材工厂与预切工厂，则可以按时交货。

图 5　用拉螺栓将钢与木接合

在构件的轴向上，用拉螺栓将其一体化，木材的刚性作为拉伸和压缩两方都有效的混合结构。图 4 与图 5 的木材与钢结构的混合结构图，是技术提案时所用的意象图。

接合处详图

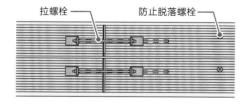

拉螺栓　　防止脱落螺栓

用拉螺栓接合意象图

拉螺栓

集成材

从旧国立竞技场青山门的方位开始施工，分为顺时针与逆时针两个班进行。1天1班各设置1个单位模块。因为只要多设置完成1个屋顶单元模块，设置起重机活动范围就会变窄，所以后半部分就难以展开。1个单位模组需用9天在地面组装完成。屋顶工程建设期间，地上工程与表面装饰工程同时进行。由于基地的限制，如何加快地面组装速度，是当前的难题。

开展实际尺寸的单元模块试验

在日本体育振兴中心使用建设预定地的南侧空地，用屋顶实际尺寸单元模块来做施工验证。这是兼顾品质和安全，并且能在短工期内完成屋顶工程的手法。

新国立竞技场下野博史执行长说："使用两个实际大小的单元模块，确认单元模块的接合作业与施工顺序，确保找到迅速安全的施工方法。"

钢的混合结构，在施工过程中需要小心谨慎地处理。因为碰撞到钢结构，木材就会出现凹陷。（江村英哲）

图6　以两班作业方式，沿圆周方向架设屋顶

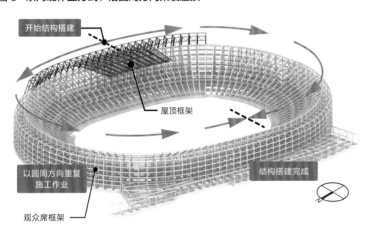

预计2018年2月开始屋顶工程的施工。地面组装完成后，分成两班，连接108列的屋顶单元模块。

图7　1天1班各设置1个单元模块

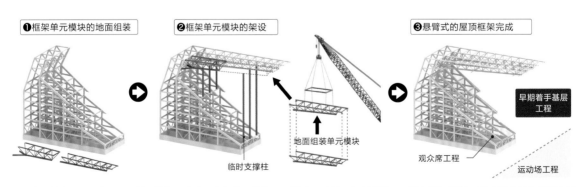

屋顶单位模块施工顺序。屋顶单元模块，分成两大部分。花费9天搭建1个地面组装模块，再以起重机吊放。搭建顺序的构想是在技术提案时的想法，可能与实际情形有差异。

以中截面集成材来打开中小企业的门户

新国立竞技场的屋顶架构为木和钢的混合结构，木材使用中截面集成材。木材的使用方式，从参加设计竞标时，就在持续探讨。由于屋顶架构是钢结构，通常从观众席向上看的话，可以看到 H 型钢，但是 H 型钢的侧面腹板和观众头上的翼板都用木材覆盖。为了设法让人第一眼看到木材，我们花了许多心思（照片 1）。

研究指出，被木材包围的空间可以让人减轻压力。来到新国立竞技场的人，应该会有来到寺庙神社的感觉吧。覆盖外墙的百叶状木材，也是采用 105 mm×105 mm 的木材，在截面方向分为 3 等份使用，因为这样操作成本最低。如果木材被腐蚀的话，可以更换。也有每 100 年更换一次的例子。

木材除了用作装饰材料，作为结构材料，也能发挥其效用。新国立竞技场能抑制地震、强风等外力所产生的变形。在预定 2020 年完工的品川新站中，也使用了木材，作为抑制振动的结构。

实际上也有建成后木材会不会看起来只是装饰材料的疑虑。但因为木材发挥着结构材料的功能，所以在竞技场的外观设计上来说，才能以木材为主角。只是全部使用木结构的确不太可能。

没有使用大截面集成材的理由是：如果屋顶的梁高变为 1 m 左右，会让人产生混凝土结构的感觉，那样也无法表现

照片 2　预计在 2019 年 11 月完成的新国立竞技场的模型

出木材的纤细。如果使用中截面的话，梁高为 45 cm 以下，能给竞技场带来柔和的感觉。另外，使用中截面集成材，也有助于为中小企业在公共设施建造项目上打开门户。

我想世界上的其他地方应该还无法找到如此规模的用木结构覆盖的建筑案例。新国立竞技场的设计理念是：与外苑的绿色串联起来的生命之树竞技场（照片 2）。建成 30 年后，周围的树木也会生长，和建筑物中的植栽相融合。我是想象着 30 年后变化的样子而设计的。

照片 1　考虑到建筑完成后 30 年的样貌

担任设计的隈研吾建筑师为了使中小企业能参与公共设施建设，在建筑结构上，不使用对木材加工厂有诸多限制的大截面集成材。（照片来源：皆为《日经建筑》提供）

图书在版编目（CIP）数据

世界木造建筑设计 / 日本日经建筑编；王维译. ——
南京：江苏凤凰科学技术出版社，2020.1
ISBN 978-7-5713-0633-5

Ⅰ. ①世… Ⅱ. ①日… ②王… Ⅲ. ①木结构－建筑
设计－世界－现代－图集 Ⅳ. ①TU206

中国版本图书馆CIP数据核字(2019)第247109号

江苏省版权局著作权合同登记 图字：10-2018-385

世界木造建筑设计

编　　　者	[日]日经建筑
译　　　者	王　维
项 目 策 划	凤凰空间／陈舒婷
责 任 编 辑	刘屹立　赵　研
特 约 编 辑	陈舒婷

出 版 发 行	江苏凤凰科学技术出版社
出版社地址	南京市湖南路1号A楼，邮编：210009
出版社网址	http：//www.pspress.cn
总 经 销	天津凤凰空间文化传媒有限公司
总经销网址	http：//www.ifengspace.cn
印　　　刷	北京博海升彩色印刷有限公司

开　　　本	787 mm×1092 mm　1／16
印　　　张	12
版　　　次	2020年1月第1版
印　　　次	2020年1月第1次印刷

标 准 书 号	ISBN 978-7-5713-0633-5
定　　　价	198.00元（精）

图书如有印装质量问题，可随时向销售部调换（电话：022-87893668）。